요리 마법사 아하부장의
매직 레시피

요리 마법사 아하부장의

Magic
Recipe

아하부장 지음

매직레시피

난생처음 요리하는 당신이라도 전문점 맛 그대로!

프롬비

Magic
Recipe

만능 생선조림

전설의 그 보쌈

만능 닭볶음탕

청순 바지락 해장국

취향대로 콩나물 해장국

의정부 부대찌개 원조 맛

마약 해장 라면
(감자탕면)

북경 과일 탕수육

원조 담양 떡갈비

육회와 비빔밥

수원갈비맛 양념삼겹살

누구나 편하고 쉽고 싸고 즐겁게 만들어
맛있게 먹는 요리의 마법!

존경합니다, 여러분! 요리 마법사 아하부장입니다.

저는 지금 이 순간에도 식당 주방에서 일하고 있는 현직 요리사이기도 합니다.

'오늘 손님이 나의 첫 손님이자 마지막 손님이다!'

그 생각 하나만으로 매일 매순간 음식을 만듭니다.

모르는 분 말고 아시는 분들은 이미 다 아시겠죠!

제가 얼마나 쉽고 편하고 빠르게 뚝딱 요리하는지 말이죠.

하지만 제 첫 책인 이《매직 레시피》를 세상에 요리해내기까지, 저답지 않게 무척 고민이 많았습니다. 전해드리고 싶고, 전해드릴 수 있는 마법 같은 레시피가 너무너무 많았으니까요!

어쩌다 보니 지금까지 15년 넘도록 음식을 '하고' 있습니다.

그러는 동안 쌓여온 온갖 다양한 에피소드와 다양한 레시피, 다양한 식재료, 다양한 사람들, 다양한 일상들. 그 좌충우돌 스펙터클 재미난 내용들을 이 한 권의 책에 담을 수는 없었습니다. 이번《매직 레시피》에서는 제 Youtube에 공개하지 않았던 또 다른 다양한 레시피뿐만 아니라, 마법 같은 소스를 만드는 6가지 비밀 레시피부터 전해드립니다.

옷 차려입고 나갈 필요도 없이 우리 집 부엌에서, 정말 쉽고 편하고 싸고 맛있게 요리해보는 전문점 따라잡기 레시피의 끝판왕을 이 책에서 시원하게 풀어드리겠습니다.

그.러.나! 이 세상에는 재료도 맛있는 요리도 입맛도 너무나 다양합니다. 이 한 권의 책에 제 레시피의 모든 것을 다 담을 수는 없었습니다. 앞으로도 제 레시피와 책은 죽 계속될 것 같습니다. 물론 제 레시피와 비법들은 유튜브 영상을 통해서도 계속 알싸하게 만나보실 수 있습니다.

매일 고생하며 일하고 출근하고 공부하는 것,
다 먹고살자고 하는 것 아니겠습니까?
매일 잡숫는 요리할 때만큼은 제발 고생스럽지 않으면 좋겠습니다.
쉽고 편하고 즐겁고 배부르면 좋겠습니다.

자, 이제 황당할 만큼 간편하고 가성비 좋고 맛있는 마법 집밥 요리 세계로,
저, 아하부장과 함께 가십시다!
여러분의 요리가 즐거우면 좋겠습니다.
갑니다!

아하 마법 수칙

1. 요리는 어렵다는 편견을 버려라! 배고프면 누구나 금손이 된다.

2. 맛없을 수 없다고 믿고 일단 조리하면 무조건 맛있어진다.

3. 일단 무조건 조리를 시작하라! 아하부장 레시피에 실패는 없다.

4. 실패는 없지만 아하부장이 정답은 아니다. 마법의 가루, 조미료가 정답이다.

5. 비싼 재료, 비싼 식당, 비싼 조미료 부러워할 필요 없다.

6. 5분 레시피가 최고! 조리 시간 30분이 넘어가면 그 음식은 이미 식어버린다.

7. 계량은 선택이 아니라 필수다.

8. 기본을 안 다음 편법을 시도하자!

9. 사 먹는 음식보다 해 먹는 음식이 무조건 가성비 갑!

10. 즐겁게 만드는 요리일수록 더 맛있어진다.

아하부장의 참 쉬운 계량법

계량은 선택이 아니라 필수다. 머리가 아니라 몸이 분량을 완벽하게 기억한다면 계량할 필요가 없을 것이다. 그러나 아무리 경력이 오래된 요리사도 매번 똑같은 맛을 내기란 불가능하다. 계량에 꾸준히 습관을 붙이면 결국 상황이나 도구에 따라 아주 조금씩 달라질지언정, 균일한 맛을 내는 마법의 손을 갖게 될 것이다!

다이소에서 판매하는 2천원짜리 계량 6p세트로 가장 간단하고 저렴하게 계량할 수 있다. 가성비 차원에서 넘사벽이다. 아하부장《매직 레시피》에서도 계량에 이 도구를 사용한다. 그다음 쉽고 간단하게 3가지만 기억하면 된다.

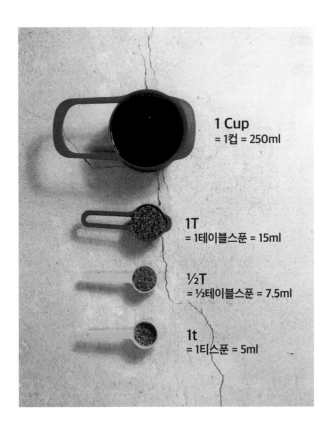

1 Cup
= 1컵 = 250ml

1T
= 1테이블스푼 = 15ml

½T
= ½테이블스푼 = 7.5ml

1t
= 1티스푼 = 5ml

◆ 반드시 기억할 것! 부피와 질량은 완전히 다른 계량이다. 가루 1T와 액체 1T는 전혀 다르다. 예를 들어 고추장 1T와 설탕 1T와 간장 1T는 무게가 다르다.

◆ 종이컵, 밥숟가락 계량 또한 절대 피해야 한다. 두루뭉술하게, 그릇이 평평할 정도로, 소복하게, 크게, 작게, 이런 불확실한 계량은 절대 금물!

아하부장의 마법 요리 재료

짠맛도 단맛도 매운맛도 신맛도 다 다르다

양조간장
다른 간장보다 단맛이
덜하고 혼합물도 적다.
주로 양념장, 무침 등
에 쓴다.

진간장
가성비가 좋고 살짝 달
달한 짠맛. 양념장, 조
림에 주로 쓴다.

국간장
짠맛이 가장 강하다.
국물 요리, 나물 무침
등에 소금 대신 쓴다.

올리고당
물엿 대신 단맛을 낼
때 주로 쓰고, 보기 좋
게 윤기를 내는 데도
좋다.

백설탕
쓴맛과 짠맛을 덜어낼
때 쓰고, 감칠맛과 단맛
을 낼 때 필수로 쓴다.

흑설탕
흑설탕의 짙은색은 당
밀 때문이다. 흰설탕보
다 맛이 강하다.

물엿
설탕의 1/3 정도인 단
맛을 내며 음식에 윤기
를 더한다. 조림을 만
들 때 쓰면 양념이 빨
리 배이고 수분도 빨리
없애준다.

참기름
참깨를 볶아 짜낸 기
름. 들기름보다 향이
가볍고 더 고소하다.

들기름
들깨에서 짜낸 기름.
상대적으로 보관 기간
이 짧다.

맛소금
일반 소금에 MSG를
첨가한 소금으로, 간
을 살짝 맞출 때 편리
하다.

고춧가루
고운 가루는 고추장이
나 조미료, 중간 가루
는 김치나 깍두기, 굵
은 가루는 풋김치나 열
무김치 등에 쓴다.

청양 고춧가루
우리나라 최고의 청정
지역이기도 한 청양군
에서 수확되는 청양고
추로 만든다. 더 맵고
더 깔끔한 맛을 낸다.

베트남 고춧가루

땡초'라고도 하며, 화끈할 만큼 매운맛을 낸다.

고추장

단맛, 감칠맛, 매운맛, 짠맛이 잘 어우러진 복합 조미료다.

들깨가루

들깨를 빻아 만든 가루. 각종 요리에 고소함을 더해준다.

양조식초

물기가 많이 필요한 장아찌 등에 사용한다. 무침을 만들 때는 2배 식초 등을 사용하면 물기를 잡을 수 있다.

참깨

각종 요리에 고소한 맛을 더하는 고명으로 주로 쓴다.

후춧가루

강하고 자극적인 매운맛을 내는 향신료. 느끼하고 기름진 맛을 줄일 때 쓴다.

시치미

국물요리, 꼬치요리 등에 뿌려 매콤한 맛을 더한다.

식용유

가성비가 좋아 기름이 필요한 다양한 요리에 가장 쉽게 사용하는 기름.

올리브유

흡수가 잘 되고 상대적으로 낮은 온도에서 뜨거워지므로 샐러드드레싱이나 양념장 등으로 주로 쓴다.

고추기름

고춧가루나 고추 등의 매운맛을 우려낸 기름.

연겨자

매운 머스터드 소스 정도로 생각하면 된다. 겨잣가루나 겨자분으로도 요리에 사용할 수 있다.

마법의 MSG, 시판용 소스들

다시다(쇠고기, 멸치)

다시다는 소금, 간장, 된장처럼 기본 간을 맞추는 역할을 하며, 감칠맛도 더해준다.

미원

감칠맛을 위해 사용되는 조미료. 잘 활용하면 가장 쉽게 전문점과 유사한 맛을 낼 수 있다.

치킨스톡

치킨 맛을 농축시켜 감칠맛을 내는 마법 아이템.

혼다시

가쓰오부시 맛이 나는 생선류의 조미료. 일본 요리 맛의 기본이다.

청록푸드 사골농축액

사골을 사용하는 만둣국 등 모든 사골 육수에 넣으면 아주 완벽한 국물 맛이 난다.

후리가케

밥이나 죽 위에 뿌려 먹고자 일본에서 만든 혼합 분말 조미료의 일종.

미림

조미료 대용으로 쓰는 일본 술. 단 맛술이라고도 한다.

연두

액상 요리에센스 콩을 자연 발효해 만든 발효액과 야채 추출물로 만들어졌다.

까나리액젓

다양한 국과 찌개, 무침에 간장 대신 사용하는 젓갈이다.

헌트바비큐소스

바비큐 등 고기 요리에 곁들여 먹는 살짝 맵고, 짜고, 달달한 소스

갈아만든배

불고기 양념에 배즙 대용으로 편리하며, 상큼하고 깔끔한 단맛을 낸다.

타바스코소스

일반 '핫소스'보다 조금 더 매운맛을 낸다.

XO소스

주로 중국음식에서 매운맛을 낼 때 사용하는 해산물 소스

굴소스

달걀, 국수, 채소, 쇠고기와 닭고기 요리 등에 주로 쓰는 디핑 소스

참치액젓

참치 순살을 녹여낸 액젓. 요리에 담백한 해산물 향과 감칠맛을 더할 때 주로 쓴다.

새우젓

생새우에 소금을 뿌려 담은 젓갈로, 주로 김치 양념에 쓴다.

토마토페이스트

퓌레라고도 하며 토마토케첩 대용으로 쓴다.

생크림

유지방 함유량이 약 30~40% 정도 되며 부드러운 맛을 더할 때 쓴다.

버터

우유에서 지방을 분리해 크림을 만든 뒤 응고해 만든 유제품. 부드럽고 고소한 맛을 더한다.

마가린

천연 버터 대신 쓸 수 있도록 만든 지방성 식품으로 인조버터라고도 한다.

토마토케첩

가장 간편하게 토마토맛을 더하는 서양식 조미료.

가스오부시

멸치 국물에 진한 감칠맛을 더하는 용도로 주로 쓴다.

우동 엑기스

우동 육수를 만들 때 간장 대신 사용하면 전문점 맛에 가까워진다.

매실 엑기스

새콤달콤하고, 깔끔한 맛을 더하는 데 주로 쓴다.

짬뽕 다시
짬뽕뿐만 아니라 각종 중화요리의 육수를 만들 때 조미료로 간편하게 쓴다.

화유
불맛 기름. 중화요리 특유의 불맛을 내고, 매콤하고 얼큰한 풍미를 더할 때 쓴다.

박카스
우리나라 최초의 에너지 음료. 상큼하고 달콤한 맛이 필요한 쫄면 등의 요리에 첨가해서 쓰면 좋다.

노추
중화 요리에 주로 쓰는 조미료. 단맛이 강하고 향이 진하며 식욕을 돋우고, 요리 색을 더 돋보이게 만들기도 한다.

카라멜
설탕을 녹여 끓인 갈색 액체. 잡채 등에 활용하면 맛도 색감도 더 좋아진다.

카이엔페퍼
아프리칸 칠리라고도 하며, 남아메리카와 아마존 특산인 작고 매운 고추로 만든 고운 고춧가루.

휘핑크림
일반 생크림보다 더 깊고 부드러운 맛을 낸다. 장식용으로, 보다 고소한 맛을 더하는 요리에 주로 쓴다.

치즈
단백질과 칼슘 공급원으로 아주 좋고, 요리에 짭짤하고 고소하고 부드러운 맛을 더한다.

찹쌀가루
찹쌀을 곱게 부수고 갈아 만든 가루. 찰기가 좋아서 죽을 쑤거나 술을 빚거나 여러 장을 담글 때 주로 쓰인다.

돈카츠소스
돈가스(돈카츠)를 먹을 때 사용하는 갈색 소스. 제육이나 소시지 볶음 등 고기를 사용하는 요리에 다양하게 소스로 활용.

딸기잼
딸기에 설탕을 풍부하게 섞은 뒤 바짝 졸인 잼. 제육 짜글이 등에 상큼한 단맛을 더할 때 써도 좋다.

유자청
요리에 고급스러운 단맛과 풍미를 더할 때 쓴다.

사이다

구연산과 감미료, 탄산가스로 만든 청량음료. 요리에 알싸하고 시원한 단맛을 더할 때 쓴다.

맥주

보쌈 소스 재료로 쓰면 담백하고 깊은 맛을 더한다.

쌍화탕

한약탕과 비슷한 맛이 나는 피로회복제. 쇠고기 무국에 첨가하면 한방 갈비탕 전문점 맛을 구현할 수 있다.

파인애플 통조림

갈비 소스 등을 만들 때 갈아만든배 등을 대체해 달달한 감칠맛을 더할 수 있다.

환만식초

해산물을 기본으로 하는 비빔밥 소스나 김치찌개용 소스에 쓰면 좋다.

면사랑 메밀장국

고급 일식집에서 먹는 바로 그 소바 맛을 간편하게 구현할 수 있다. 새우장 소스에 써도 좋다.

◆ 다시다의 경우, 다시다를 먼저 넣어 간을 맞춘 뒤 모자란 부분에 소금이나 간장을 추가하는 방식으로 요리하면 어딜 가도 요리 좀 하는 사람 소리를 들을 수 있는 마법 아이템. 콩나물국이나 계란국 등 재료가 간단한 국물 요리에 쇠고기다시다만으로 간을 해보면 바로 식당에서 먹던 그 맛으로 변신!

◆ 미원은 아주 순수하게 감칠맛만을 위해 존재하는 마법 아이템이다. 다시다, 간장, 소금, 된장 등 무엇으로든 원하는 대로 간을 맞춘 뒤 마지막에 매력적인 감칠맛을 추가하는 데에만 사용한다.

◆ 치킨스톡은 액상과 가루로 나뉜다. 살짝 맛에 차이가 있으나 편한 대로 사용하면 그만이다. 다시다와 사용법은 동일하다.

◆ 혼다시는 우동 국물에서 나는 바로 그 향기를 내주는 아이템으로, 고깃국물 요리에서의 쇠고기다시다와 같은 기능을 한다. 각종 어패류, 해산물이 들어가는 음식에 다시다 대신 사용하면 더 깊고 놀라운 맛으로 변신!

◆ 청록푸드 사골농축액 – 당연히 앞광고도 뒷광고도 아닌, 아하부장의 '내 돈 내 산' 추천품. 아직 이 정도로 편리하고 맛도 좋고 가성비도 높은 제품을 보지 못했다. 미원과도 아주 잘 어울리는 마법 조미료.

아하부장의 매직 레시피 사용 설명서

요리 마법사 아하부장의 《매직 레시피》에서는 '머글 레시피*Muggle Recipe*'와 '매직 레시피*Magic Recipe*'로 요리법을 소개합니다.

읽기만 해도 군침이 돌도록 요리마다 특성 있는 이름을 붙였습니다.

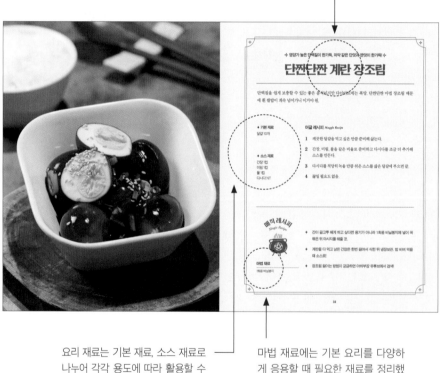

요리 재료는 기본 재료, 소스 재료로 나누어 각각 용도에 따라 활용할 수 있도록 구성했습니다. 때로는 소스만 필요할 경우도 있으니까요.

마법 재료에는 기본 요리를 다양하게 응용할 때 필요한 재료를 정리했습니다.

---

* '머글'은 마법사 《해리 포터》 시리즈에서 마법을 사용하는 방법을 모르는 보통 사람들을 지칭하는 용어

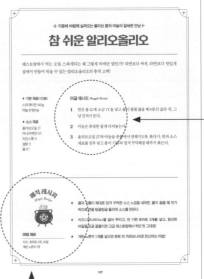

매직 레시피는 기본이 되는 요리법에 새로운 재료, 참신한 요리법 등을 더해 한층 색다르고 재미있고 더 맛있게 응용해보는, 일종의 팁입니다. 간단한 변화만 주어도 더 화려하게 변신하는 요리를 맛보시게 될 것입니다.

머글 레시피는 해당 요리에 대한 간편하고 기본이 되는 요리법입니다. 쉽고, 간편하고, 빠르게 그러나 맛있게 뚝딱 요리를 만들어낼 수 있습니다.

그리고 또!

◆ 이 책의 마지막 장에 보여드리는 6가지 소스는 전문 식당에서 경험한 바로 그 맛을 재현해주는 마법 소스 비법입니다. 집에서 요리하시는 독자뿐만 아니라 식당을 직접 경영하시는 분들까지도 놀라운 가성비로, 간편하고 맛있게 활용하실 수 있도록 화끈하게 공개해드렸습니다.

◆ 이 책에 수록된 레시피 일부는 아하부장 유튜브에서도 확인하실 수 있습니다. 순수한 요리 초보자이신 분들은 유튜브와 함께 실시간으로 요리해보세요.

목 차

♦ 마구마구 소스 무한 확장 마법 ♦

♦ 먹기 싫고 하긴 더 싫은 아침 해결 마법 ♦

◆ 만능 식당 맛 변신 마법 ◆

◆ 외국 음식 전문점 변신 마법 ◆

◆ 한식 전문점 변신 마법 ◆

✦ 진짜 만능 마법 소스 비법 ✦

Magic
Recipe

Magic
Recipe

마구마구 소스
무한 확장 마법

손, 그릇, 최소 재료만으로 만드는 소스 한 방에 반찬을 해결한다!

🕱
부작용
귀찮아서 다른 요리를 할 필요가 없어진다.
마트에서 온갖 식재료를 볼 때마다 큰 양푼과 고무장갑이 어른거린다.

✦ 요리 마법사 자격은 겉절이 이전과 이후로 나뉜다 ✦

초간단 3분 겉절이

3분 만에 바로 장금이 소환하는 김치 레시피! 김치는 만들기 어렵고 손이 많이 간다고? 손가락 몇 번만 휘저으면 바로 먹을 수 있는 신박한 김치 탄생!

♦ 기본 재료
알배기배추 1통 400g

♦ 소스 재료
고춧가루 ½컵
까나리액젓 ½컵
갈아만든배 1컵
미원 ½T
설탕 3T
다진마늘 ½컵

머글 레시피 *Muggle Recipe*

1   소스 재료를 모두 마구 넣어 섞는다.

2   알배기배추를 느낌 가는대로 원하는 모양대로 마구 썬다.

3   섞어둔 소스를 썰어둔 배추와 구석구석 마구 버무리면 끝!
       (400g 배추 기준 4T)

4   소스는 취향에 따라 반드시 가감한다.

매직 레시피 *Magic Recipe*

마법 재료
찹쌀풀 1T, 무채 100g
당근채 30g, 쪽파 20g
진간장 ½T, 물엿(올리고당) 3T, 생강 1t

♦   찹쌀풀, 무채, 당근채, 쪽파를 더 넣고 버무리면 더 화려한 맛이 펼쳐진다.

♦   바로 먹을 때 진간장을 추가하면 마약 김치로 업그레이드!

♦   김치는 익을수록 마법 효과 up! 남은 김치는 냉장고 깊숙이 두고 익혀 먹기.

♦   물엿이나 올리고당을 넣으면 블링블링 색감!

♦   생강 1t를 추가하면 베스트!

미슐랭 5스타 깍두기

내 입맛에 맞는 깍두기 한입 아사삭, 스트레스도 파사삭! 우리 집 밥상에서 미슐랭 5스타 레스토랑 부럽지 않은 별 다섯 개짜리 깍두기 직접 만들기

♦ **기본 재료**
무 1개 2.5kg

♦ **소스 재료**
까나리액젓 ½컵
고춧가루 ½컵
설탕 10T
사이다 ⅓컵
다진마늘 8T
미원 1T

머글 레시피 *Muggle Recipe*

1 무를 가로세로 2cm 정도로 썬다.

2 소스를 넣고 잘 버무린다.

3 절대 치대지 말고 가볍게 섞어줘야 끈적끈적해지지 않는다.

4 고춧가루가 골고루 잘 섞이고 잘 배어들었는지 확인한다.

마법 재료

대파 30g

♦ 얇게 어슷썰기한 대파를 넣으면 훨씬 더 깊은 맛으로 변신!

♦ 국물도 버릴 게 없다. 남은 국물은 김치찌개처럼 깍두기찌개로 끓여볼 것.

♦ 미슐랭 레스토랑에서 시원하게 아삭 베어 문 깍두기 맛을 상상하며 맛본다.

♦ 이 레시피는 전문 국밥집용으로, 개인 취향에 따라 달게 느껴질 수 있다. 단맛을 줄이고자 하면 설탕을 반으로 줄인다.

✦ 양파는 거들 뿐, 진정한 주인공은 언제나 소스 ✦

그 유명한 고깃집 양파피클

잊을 수 없는 고깃집의 비밀은 고기가 아니라 다른 데 있다? 고기와 함께 찍어 먹으면 절로 뒷목 잡는 양파피클 만들기, 5분이면 끝!

♦ 기본 재료
양파 5개(약 1.5kg)

♦ 소스 재료
간장 2컵
설탕 2컵
식초 2컵
물 2컵

머글 레시피 *Muggle Recipe*

1 양파를 2~3cm 정도 크기로 썬다.

2 간장, 설탕, 식초, 물을 1L씩 섞는다.

3 만들어진 소스를 잘 저어 설탕이 녹으면 양파에 붓는다.

4 양파와 소스를 고루 섞이도록 버무린다.

마법 재료

적채 200g
무 500g, 미림 1L

♦ 적채, 무를 더 넣으면 색감도 살아나고 더 아삭해지는 신세계가 펼쳐진다.

♦ 음식 맛뿐 아니라 음식 수명도 늘리는 소식! 이 소스를 섞으면 잘 상하지 않는다.

♦ 남은 소스는 비빔국수 등 감칠맛이 필요한 다양한 음식에 활용해볼 것!

♦ 단맛을 줄이고 싶다면 설탕 대신 미림 1L 넣기. 단맛은 줄지만 단가는 확 올라가는 마법!

만능젓갈 밥도둑 창난젓

모락모락 김이 올라오는 밥에 이 창난젓을 비비면 다른 반찬은 들러리일 뿐. 맛있는 게 죄라면 이 밥도둑은 최소 무기징역!

✦ 기본 재료

창난젓 500g
대파 30g
다진마늘 2T
청양고추 30g

✦ 소스 재료

볶은참깨 1T
설탕 ½T
진간장 1T
참기름 1T
미원 1t

머글 레시피 *Muggle Recipe*

1 대파와 청양고추를 송송 썬다.

2 볶은참깨, 설탕, 진간장, 참기름, 미원을 소스 재료로 준비한다.

3 썰어둔 대파와 고추에 창난젓과 소스 재료를 한꺼번에 다 넣고 버무린다.

♦ 청양고춧가루를 추가하면 이 밥도둑은 바로 사형감.

♦ 빨간 타바스코 소스를 섞으면 정말 반칙.

♦ 미나리를 송송 썰어 함께 버무리면 물씬 퍼지는 향긋함!

마법 재료

청양고춧가루 1T, 타바스코 2T
미나리

✦ 영양가 높은 단백질이 한가득, 마약 같은 단맛과 짠맛이 한가득 ✦

단짠단짠 계란 장조림

단백질을 쉽게 보충할 수 있는 좋은 음식이지만 다이어트에는 폭망. 단짠단짠 마법 장조림 때문에 흰 쌀밥이 계속 넘어가니 이거야 원.

♦ **기본 재료**
달걀 10개

♦ **소스 재료**
간장 1컵
미림 1컵
물 1컵
다시다 ½T

머글 레시피 *Muggle Recipe*

1 깨끗한 달걀을 먹고 싶은 만큼 준비해 삶는다.

2 간장, 미림, 물을 같은 비율로 준비하고 다시다를 조금 더 추가해 소스를 만든다.

3 다시다를 적당히 녹을 만큼 섞은 소스를 삶은 달걀에 부으면 끝.

4 끓일 필요도 없음.

매직 레시피
Magic Recipe

마법 재료
1회용 비닐봉지

♦ 간이 골고루 배게 하고 싶다면 용기가 아니라 1회용 비닐봉지에 넣어 꼭 묶은 뒤 마사지를 해줄 것.

♦ 계란을 다 먹고 남은 간장은 한번 끓여서 식힌 뒤 냉장보관. 밥 비벼 먹을 때 소스로!

♦ 장조림 끓이는 방법이 궁금하면 아하부장 유튜브에서 검색!

✦ 조금만 기다리면 더 익어가는, 인내를 부르는 그 깊은 맛 ✦

꼬들꼬들이 오이무침

거짓말 안 섞고 이 책에서 가장 오래 걸리는 음식. 꼬박 하루 동안 기다려야 하니까. 그런데 그 맛은 또 밥을 '순삭'하게 만드니, 이 음식을 어쩌면 좋니?

◆ 기본 재료

오이 10개
물엿 1L

◆ 소스 재료

다진마늘 1T
까나리 3T
식초 3T, 설탕 2T
고춧가루 4T
후춧가루 ½t
볶음참깨 1T
미원 1t

머글 레시피 *Muggle Recipe*

1 오이 10개를 각각 세로로 길게 십자로 4등분해 썰어 씨를 제거한 뒤, 각각 2mm 정도로 얇게 어슷썰기 하고 물엿 1L를 붓는다.

2 냉장고에 넣고 하루 기다린다. (중간중간 섞어주면 훨씬 더 꼬들꼬들 해진다)

3 물기를 꽉꽉 짜낸 뒤 소스에 버무린다.

마법 재료

참기름, 3일이라는 시간

◆ 냉장 보관하면 최소 3주는 결코 썩지 않는다. 물엿의 마법!

◆ 3일이 지난 뒤 먹을 때 맛이 최고. 숙성의 마법!

◆ 국수나 비빔밥에 고명으로 얹거나, 밥에 참기름과 비비면 정말 미친 맛이 나는 마법!

그러나 간은 어디까지나 취향대로!

원하는 대로 뿌리고 맛보다 보면,
원하던 그 맛이 마법처럼 살아나리라

Magic
Recipe

먹기 싫고 하긴 더 싫은
아침 해결 마법

꼭 먹어야 건강에 좋다는데 세상에서 가장 귀찮은 아침밥!
한방에 한 달치를 만들어 놓고 먹을 수 있다!

 **부작용** 가족 모두 매일 꼬박꼬박 아침을 먹고 나가서 설거지가 늘어난다.
딱히 바라지 않았던 가족 간 아침 대화가 늘어 가화만사성이 이루어진다.

10일 동안 쭉 아침 쇠고기 죽

아침을 거르지 말아야 건강에 좋다는데, 1분이 아까운 아침에 밥상이라니? 하지만 세상에서 가장 간단하고 맛있게 먹을 수 있는 아침밥을, 게다가 미리 만드는 마법이라니!

◆ 기본 재료

햇반 200g 3개
냉동혼합야채 200g
쇠고기다시다 1T
맛소금 1T
후춧가루 ½t

머글 레시피 *Muggle Recipe*

1 물 6L에 햇반 3개를 넣고 센불(빠글빠글)에서 끓인다.

2 물이 끓기 시작하면 약불(바글바글)로 줄인 뒤 끈적해질 때까지 끓인다.(대략 20분)

3 쇠고기다시다, 맛소금, 후추를 넣어 간을 맞춘다.

4 전자렌지용 작은 용기에 나눠 담고 냉동실에 얼려두면 끝.

매직 레시피 *Magic Recipe*

◆ 죽을 얼리기 전에 새우, 햄, 오징어, 스팸, 참치 등 원하는 토핑을 넣어 다양한 맛 응용해보기.

◆ 참깨, 후리가케, 시치미, 김가루 등을 원하는 만큼 추가하면 또 새로운 맛으로 변신하는 마법!

◆ 쇠고기다시다 대신 닭죽에는 치킨스톡, 흰죽에는 미원을 사용할 것.

마법 재료

다진 새우, 다진 햄, 다진 오징어
스팸, 참치, 참깨, 후리가케
시치미, 김 가루, 치킨스톡
쇠고기다시다, 미원

10일 동안 쭉 아침 수프

요새 카페에서 먹는 모닝 브런치 한 세트가 얼마라고? 싸봐야 5천 원? 그런데 5천 원으로 한 끼가 아니라 보름 동안 아침을 먹을 수 있다니?

♦ 기본 재료

오뚜기수프 500g 1개
냉동혼합야채 200g
물 5L

머글 레시피 *Muggle Recipe*

1 냄비에 수프 가루 500g, 냉동혼합야채 200g을 넣고 찬물 3L를 부어가며 젓는다.

2 물이 팔팔 끓을 때 거품기로 저으며 추가로 물 2L 부으면 바닥에 눌러붙지 않고 조리 시간도 확 줄어든다.

3 끓기 시작하면 약불로 줄이고 3분간 더 끓인다.

4 한마디로 1kg짜리 수프 뒷면에 표시된 조리법대로 끓이면 끝.

매직 레시피 *Magic Recipe*

♦ 생크림이나 우유를 넣고 끓이면 더 부드럽고 고급스러운 맛으로 변신. 레스토랑에서 아침 브런치를 만끽하는 듯한 마법!

♦ '크루통' 공산품을 사서 곁들이면 거짓말 안 보태고 정말 레스토랑 수프 맛으로 변신!

마법 재료

거품기, 크루통
생크림 200ml 또는 우유 200ml

10일 동안 쭉 아침 볶음밥

아무리 바빠도 밥을 먹지 않으면 그 아침은 무효라고? 그래도 매일 똑같은 밥을 먹고 싶지는 않다고? 그런데 최소 열흘 동안, 매일 다른 맛으로 아침밥을 먹을 수 있다니!

♦ **기본 재료**

햇반 200g 10개
냉동혼합야채 300g
계란 5개
식용유 5T

♦ **소스 재료**

진간장 3T
까나리액젓 3T
치킨스톡 3T
설탕 3T, 미원 1T

머글 레시피 *Muggle Recipe*

1 식용유 5T에 풀어놓은 계란 5개를 넣고 완전히 익힌다.

2 냉동야채 300g을 넣어 달달 볶는다.

3 햇반 10개 또는 밥 2kg을 넣어 같이 볶는다.

4 밥이 잘 안 풀어질 수도 있으니, 잘 저어 분말을 녹인 소스 3T를 넣고 볶아 완성시킨다. 간은 소스로 가감한다.

5 전자렌지용 용기에 나눠 담고 얼린다.

마법 재료

케일 200g, 청양고추 5개
XO소스 150g

♦ 케일 200g과 청양고추 5개를 송송 썰어 같이 볶아주면 해외 맛집 투어 부럽지 않은 동남아 스타일 볶음밥 완성.

♦ XO소스 150g을 넣으면 5성호텔 레스토랑 부럽지 않은 중국식 볶음밥 완성.

♦ 밥이 안 풀어지면 뭉친 부분에 맹물을 1T씩 붓는다. 바로바로 밥이 풀리면서 더 고슬고슬한 볶음밥이 되는 마법!

♦ 아침 죽과 마찬가지로 다양한 토핑을 마음껏 올린 뒤 얼리면 더 즐겁게 먹을 수 있는 마법!

모든 재료는 살아 있다

약불에는 서서히
센불에는 화끈하게
재료는 성격을 드러낼 것이다

Magic
Recipe

가출한 제정신
귀환 마법

N차로 차곡차곡 쌓인 알코올을 분쇄하는 해장국!

뜨끈하고 얼큰한 국물에, 밤새 집 나가 방황했던 제정신이 바로 돌아온다!

. . . .

💀　　술도 안 마셨는데 삼시세끼 해장국만 계속 땡긴다.

부작용　　해장국 먹고 싶어 술 마시게 되는 무한 알코올 루프 마법진에 빠진다.

. . . .

✥ 싸다고 무시하지 말자! 정말 몸에 좋은 콩나물 해장국 내 맘대로 즐기기 ✥

취향대로 콩나물 해장국

안 먹어본 사람은 없겠지만 직접 만들어본 사람은 적은 국민 해장국. 한번 만들어 먹기 시작하면 해장하려다 결국 소주병을 계속 따게 될 수도 있으니 주의 요망!

♦ 기본 재료(1인분)

콩나물 150g
청양고추 20g
대파 20g
다진마늘 1T

♦ 소스 재료

까나리액젓 6T
치킨스톡 4T
미원 1T
진간장 3T

머글 레시피 *Muggle Recipe*

1 콩나물 150g에 맹물 3컵을 붓고 다진마늘 1T를 넣어 센불로 빠글빠글 5분간 끓인다.

2 까나리액젓, 치킨스톡, 미원, 진간장으로 만든 해장국(매운탕) 만능 소스 1T를 넣는다.

3 취향에 따라 소스량을 조절해 간을 맞춘다.

4 불을 반드시 끈 뒤 청양고추와 대파를 넣는다.

마법 재료

달걀 1개, 새우젓, 오징어젓갈
청양고춧가루 1T
쇠고기다시다 1t, 물 2T

♦ 불을 끈 뒤 달걀 하나만 넣어도 해장국 전문점 그 맛 그대로 나오는 마법!

♦ 새우젓을 조금 넣어주면 전주 맛집 부럽지 않음.

♦ 소스 대신 오징어젓갈로 간을 맞추면 또 다른 마법의 맛 탄생.

♦ 다대기용 매직 레시피는 청양고춧가루 1T, 쇠고기다시다 ½T, 물 2T. 각종 해장국(매운탕)만능 소스로 변신!

단백질 가득 황태 해장국

황태 해장국이 콩나물 해장국보다 비싼 이유는? 숙취 해소에 필수인 단백질이 너무너무 풍부한 황태가 들어가니까. 건강식으로도 인기 만점, 해장국 중의 해장국!

♦ **기본 재료(1인분)**

황태 40g
무 100g
청양고추 20g
대파 20g
다진마늘 1T
물 3컵

♦ **소스 재료**

까나리액젓 6T
치킨스톡 4T
미원 1T
진간장 3T

머글 레시피 *Muggle Recipe*

1 황태 40g, 4cm×4cm×0.5mm 정도로 썬 무 100g, 물 3컵, 다진 마늘 1T을 넣고 10분간 바글바글 중불에서 끓인다.

2 국물이 끓는 동안 청양고추 20g, 대파 20g을 송송 썰어 준비해놓는다.

3 소스를 잘 저어 1T을 넣고 간을 한다 (간은 취향이니 잘 맞추기)

4 불을 반드시 끄고 청양고추와 대파를 넣는다.

마법 재료

달걀 1개, 냉동 바지락살 50g
다시마 5cmX5cm 1개, 쌀뜨물

♦ 달걀 1개를 잘 풀어 불을 반드시 켜고 돌려가면서 2번에 나눠 부으면 전문 식당 맛이 그대로!

♦ 저렴한 냉동 바지락살 50g을 넣어주면 더 좋아지는 식감.

♦ 다시마 5cmX5cm 1개를 넣고 계속 같이 끓이면 우러나는 더 깊은 맛!

♦ 물 대신 쌀뜨물을 사용하면 색다른 색감과 구수한 맛으로 변신.

마약 해장 라면(감자탕면)

온 가족이 함께 먹는 해장 라면! 라면 하나로 3가지 해장국을 만드는 비법 대공개! 한번 먹어보면 세 끼 모두 해장 라면으로 해결하게 될지도 모른다. 중독성 요주의!

♦ **기본 재료(1인분)**

신라면 1개
대파 20g
청양고추 20g
물 3컵

♦ **소스 재료**

라면 수프, 청양고춧가루 1T
된장 ½T, 들깨가루 1T
다진마늘 1T

머글 레시피 *Muggle Recipe*

1 물 750ml를 냄비에 넣고 끓인다.

2 물이 끓는 동안 대파 20g, 청양고추 20g을 송송 썰어놓는다.

3 물이 끓기 시작하면 면과 소스재료, 수프를 넣고 3, 4분 동안 끓인다.

4 라면이 끓기 시작하면 미리 썰어둔 대파와 청양고추를 넣어 먹는다.

마법 재료

콩나물 30g, 청양고춧가루 1T
된장 ½T, 들깨가루 1T, 고추기름 ½T
다진마늘 1T, 신김치 2T

♦ 콩나물 30g을 넣고 끓여 먹으면 콩나물해장국 부럽지 않은 맛.

♦ 대파, 청양고추뿐만 아니라 고추기름 ½T을 넣어 먹으면 200퍼센트 해장 완료.

♦ 멸치다시다 1T 넣으면 전문점 감자탕 맛 라면으로 변신!

♦ 익은 신김치 2T를 넣으면 레벨업!

✦ 맑고 시원한 바지락의 맛과 향을 그대로 해장국으로! ✦

청순 바지락 해장국

술집 안주 바지락탕보다 더 맛있는 바지락 해장국. 절로 소주를 다시 부르는 맑고 깔끔한 맛. 하지만 아무리 맛있어도 안주와 착각하지 말 것!

◆ 기본 재료(1인분)

바지락 300g
청양고추 20g
대파 30g
다진마늘 1T
물 3컵

◆ 소스 재료

혼다시 ½T
까나리액젓 1T
미원 1t
미림 1T
후춧가루

머글 레시피 *Muggle Recipe*

1 청양고추 20g은 송송 썰고 대파 30g은 어슷썰기를 해놓는다.

2 물 3컵에 바지락 300g, 다진마늘 1T, 썰어둔 대파를 모두 넣고 센 불에서 빠글빠글 5분간 끓인다

3 끓이는 도중에 혼다시, 까나리액젓, 미원, 미림, 후추 등 소스 재료를 모조리 넣는다.

4 반드시 불을 끈 뒤 청양고추를 넣는다.

마법 재료

조개다시다 ½T
동죽 300g, 소금 30g

◆ 생물 바지락은 물에 깨끗이 헹군 뒤 수돗물에 20분 쯤 담가두었다 사용하면 짠맛이 사라진다.

◆ 혼다시 대신 조개다시다를 사용해도 좋음.

◆ 바지락 대신 활용할 수 있는 동죽 해감법은 물1L에 소금 30g을 넣어 조개를 담고 검은 봉지로 2시간가량 덮어두는 것.

아침 계란 해장국

입맛과 기호에 상관없이 누구나 편하게 맛있게 먹을 수 있는 계란 해장국. 아이들 입맛에도 딱 맞는 영양 만점 국 대용으로 활용할 수 있는 만능 아이템!

◆ 기본 재료(1인분)

계란 2개
물 3컵
쪽파송송 20g
다진마늘 ½T
후춧가루

◆ 소스 재료

쇠고기다시다 ½T

머글 레시피 *Muggle Recipe*

1 쪽파 20g을 송송 썰어놓는다.

2 물 3컵에 쇠고기다시다 ½T, 다진마늘 ½T을 넣고 끓인다.

3 물이 끓기 시작하면 잘 풀어둔 계란 2개를 3번에 나누어 붓되, 거품기로 잘 젓는다.

4 반드시 불을 끄고 쪽파를 넣고 후추를 톡톡 뿌린다.

매직 레시피 *Magic Recipe*

◆ 크래미를 원하는 만큼 잘게 찢어 넣으면 그대로 게살 계란수프로 변신!

◆ 어묵을 원하는 만큼 썰어 넣으면 어묵 계란탕으로 변신!

◆ 싱거우면 소금 대신 반드시 쇠고기다시다로 간을 맞춘다.

◆ 다시다 대신 치킨스톡을 넣고 전분물을 풀어 완성하면 중화요리집 계란탕 완성.

마법 재료

크래미, 어묵
치킨스톡 ½T, 전분물

일단 계량은 정확히
일단 재료는 확실히
일단 기본은 충실히

그다음 다양한 맛과 변칙을 시도하라

Magic
Recipe

음식 전문점
변신 마법

점심에 우리 집 부엌은 전문점으로 변신!
돈 받고 손님 받고 전문점 간판 달아도 될 자신감 심어주는 기초 매직 레시피

 멀쩡히 잘 다니던 회사 때려치우고 식당 사장으로 전업하게 된다.
부작용 집밥 같은 식당밥이 아니라 식당밥 같은 집밥을 매일 먹게 된다.

갈비탕 클론 쇠고기 무국

예식장에서 먹던 갈비탕 맛이 그리울 때, 같은 재료 같은 방법으로 하지만 더 쉽고 빠르게 만들 수 있는 쇠고기 무국!

◆ 기본 재료(2인분)

달걀 1개
불고기용 쇠고기 150g
무 150g
다진마늘 1T
후춧가루
대파 20g, 당면 20g

◆ 소스 재료

국간장(다른 간장도 무방함) ½T
쇠고기다시다 1T
미림 1T

머글 레시피 *Muggle Recipe*

1 물 4컵에 소스 재료인 국간장, 쇠고기다시다, 미림을 모두 넣는다.

2 얇게 썬 무와 불고기용 쇠고기, 다진마늘, 당면까지 넣은 뒤 끓기 시작하면 10분간 더 끓인다.

3 불을 끄고 계란을 풀어서 돌려가며 붓고 송송 썬 대파를 넣는다.

4 후추를 원하는 만큼 톡톡 뿌려 먹는다.

매직 레시피 *Magic Recipe*

◆ 쌍화탕 1T 넣으면 한방 갈비탕 맛으로 변신!

◆ 얼큰하게 먹고 싶다면 청양고춧가루 1T, 쇠고기다시다 ½T, 물 2T로 다대기를 만들어 넣어 먹는다.

◆ 오늘 저녁에 끓인 뒤 내일 먹으면 진짜 마법 같은 맛으로 변신!

마법 재료

쌍화탕 1T, 청양고춧가루 1T
쇠고기다시다 ½T, 물 2T

붉은 악마 육개장

한국인의 화끈한 입맛을 책임지는 빨간 국물 요리, 만능 소스로 한 번에 더 쉽게, 더 편하게, 더 맛있게 만들기

◆ 기본 재료(1인)

달걀 1개
불고기용 쇠고기 100g
대파 100g
다진마늘 1T, 양파 30g
물 3컵

◆ 소스 재료

고추기름 6T, 고춧가루 8T
미림 ½컵, 쇠고기다시다 8T
미원 2T, 다진마늘 ½컵
진간장 3T, 후춧가루 1t

머글 레시피 *Muggle Recipe*

1 고추기름, 고춧가루, 미림, 쇠고기다시다, 미원, 다진마늘, 진간장, 후추를 잘 섞어 소스를 미리 만들어놓는다.

2 물 3컵에 잘 저은 소스 2T, 5cm 길이로 썬 대파, 불고기용쇠고기, 다진마늘을 모두 넣고 중불에서 10분간 바글바글 끓인다.

3 불을 끈 뒤 잘 풀어놓은 계란을 넣어 잘 섞어 먹는다.

Magic Recipe

마법 재료

청록푸드 사골엑기스 ½T
무 100g, 콩나물 50g
닭고기 150g, 돼지고기 150g
숙주 30g, 고사리, 토란대

◆ 청록푸드 사골엑기스 ½T 넣으면 진짜 사골 육개장으로 변신!

◆ 무 100g, 콩나물 50g을 넣고 쇠고기 대신 닭고기를 넣으면 닭개장, 돼지고기를 넣으면 돈개장으로 변신!

◆ 숙주를 함께 끓이지 않고, 그릇에 30g 정도 담은 뒤 뜨거운 육개장을 부으면 신선한 맛이 그대로 유지된다.

◆ 고사리와 토란대를 넣어 즐겨도 좋다.

추억 가득 장터국밥

멀리 가지 않아도 우리 집 부엌에서 간단히 끓여 먹을 수 있는 시골 장터국밥. 구수하고 깊은 맛이 안내하는 따뜻한 추억 속으로!

◆ 기본 재료(2인분)

무 100g, 콩나물 100g
국거리용 쇠고기 150g
양파 50g, 다진마늘 1T
청양고추 3개, 대파 20g

◆ 소스 재료

된장 1T, 쇠고기다시다 1T
미원 1t, 고춧가루 2T
미림 1T, 후춧가루

머글 레시피 *Muggle Recipe*

1 물 1L에 된장 또는 쇠고기다시다, 미원, 고춧가루, 미림, 후추 등 소스 재료를 넣고 10분간 중불에서 바글바글 끓인다.

2 송송 썰어둔 대파를 반드시 불을 끈 뒤 넣어 먹는다.

매직 레시피
Magic Recipe

◆ 청록사골엑기스 ½T 넣으면 10배로 더 깊어지는 맛.

◆ 고추기름을 살짝만 뿌려주어도 옛날 시골 장터국밥집의 맛과 향취 그대로!

마법 재료

청록사골엑기스 ½T
고추기름

건강 100세 바지락 된장찌개

한국인 입맛의 기본, 밥상의 기본 된장찌개. 항암, 장수 식품으로도 인정받은 된장찌개 초간단으로 끓여 최고로 맛있게 먹는 비법!

◆ 기본 재료(2인분)

껍데기 있는 냉동바지락 250g
두부 ¼모
대파, 양파, 애호박
2cm 두께로 각 30g씩
다진마늘 1T, 후춧가루

◆ 소스 재료

재래된장 2T
혼다시 1T 또는 멸치다시다 1T
미원 ½t, 고춧가루 1T

머글 레시피 *Muggle Recipe*

1 재래된장과 혼다시 또는 멸치다시다, 미원, 고춧가루를 소스로 준비한다.

2 물 3컵에 바지락, 두부, 대파, 양파, 애호박, 다진마늘, 후추 등의 재료와 소스를 마구 다 넣은 뒤 10분간 중불에서 바글바글 끓인다.

매직 레시피 *Magic Recipe*

마법 재료

다시마 3개, 냉동 딱새우 7마리
익은 김치 ½컵

◆ 다시마를 너구리라면에 든 크기로 3개 정도 넣으면 더 깊어지는 맛!

◆ 저렴한 냉동 딱새우를 7마리 정도 넣으면 더 색다르고 더 깊은 국물 맛을 볼 수 있다.

◆ 물 1컵과 잘 익은 김치 ½컵을 추가하면 유명 맛집의 바로 그 김치 된장으로 변신!

매콤달콤 마약 제육볶음

먹고 돌아서면 또 생각나는 제육볶음. 매일 매번 식당에 가서 먹을 시간도 돈도 없으니 이제 집에서 직접 만들어 먹어야 할 때!

◆ 기본 재료(3인분)

돼지고기 전지 600g
대파 200g, 청양고추 3개
식용유 3T

◆ 소스 재료

다진마늘 1T, 굵은 고춧가루 3T
올리고당(물엿) 1T, 미림 1T
후춧가루
매실엑기스 ½T, 굴소스 1T
진간장 2T, 갈아만든배 3T
참기름 ½T, 쇠고기다시다 1T
설탕 2T, 참깨 ½T, 고추장 4T

머글 레시피 *Muggle Recipe*

1 다양한 재료를 섞어 소스를 미리 만든다.

2 돼지고기 600g에 소스 8T만 넣고 30분간 재운다. 남은 소스는 다음에 해 먹는다

3 대파를 식용유 없이 팬에서 표면이 거뭇해질 때까지 중불에서 굽는다.

4 식용유 3T을 넣고 재워둔 고기를 볶는다.

5 송송 썰어둔 청양고추를 넣어 섞는다.

매직 레시피 *Magic Recipe*

◆ 대파는 식용유를 두르지 않고 팬에 구워야 숯불구이처럼 맛있는 제육볶음이 된다.

◆ 소스는 넉넉하게 만든 뒤 냉장고에서 3일 이상 숙성시키면 만능고추장으로 변신! 최소 1달은 상하지 않는다.

◆ 화유를 넣으면 불맛 제육볶음으로 변신!

마법 재료

화유 ½T, 소스 숙성
구운 대파 200g

✦ 건강에도 좋고 더 고급스러운 해물볶음우동 집에서 만들어 먹기 ✦

해물볶음우동

이렇게 저렴하게, 이렇게 간단하게, 하지만 웬만한 전문점보다도 맛있게, 우리 집 부엌에서 바로 만들어 먹는 해물볶음우동!

♦ **기본 재료(2인분)**

냉동해물믹스 100g
양배추 100g, 양파 100g
대파 50g, 우동사리면 2개
고추기름 1T, 식용유 1T
후춧가루

♦ **소스 재료**

물 3컵, 간장 1컵
설탕 1컵, 미림 ½컵
다진마늘 3T
혼다시 1T, 미원 1T

머글 레시피 *Muggle Recipe*

1 양배추는 크게 3cm로, 양파는 1cm두께로, 대파는 3cm 길이로 썰어둔다.

2 소스 재료를 물 3컵에 넣고, 끓어오르면 15분간 센불에서 더 끓여 소스를 완성한다.

3 식용유 1T 고추기름 1T에 해물믹스, 양배추, 양파, 대파를 모두 넣고 2분가량 볶는다.

4 우동사리면 2개와 소스 4T(간은 취향에 맞게 더하거나 뺀다)를 넣고, 후추 톡톡을 넣은 뒤 볶아 마무리한다.

마법 재료

돼지고기 후지 200g
가스오부시, 화유 1T

♦ 해물을 싫어하거나 먹지 못한다면 돼지고기 후지 200g으로 주재료를 대체해도 된다. 맛도 좋고 가성비도 좋다!

♦ 완성된 볶음우동 위에 가스오부시를 솔솔 뿌리면 더 완벽해진다.

♦ 고추기름 대신 화유 1T를 넣으면 해물볶음짬뽕으로 변신하는 마법!

✦ 중독성 최고, 한국인의 매콤달콤한 간식 떡볶이 초간단 레시피 ✦

국민 간식 떡볶이

마법의 가루로 만들어보는 마약 떡볶이! 우리 집 부엌에서 유명한 프랜차이즈 떡볶이 전문점 맛을 그대로 재연해본다.

♦ 기본 재료(1인분)

밀떡 200g, 물 1컵 반
어묵 50g, 양배추 50g
양파 50g, 대파 30g

♦ 소스 재료

고운고춧가루 6T, 설탕 6T
찹쌀가루(전분) 2T
후춧가루 ½t(2.5ml)
맛소금 ½T, 미원 ½T
쇠고기다시다 1T, 카레분 1T

머글 레시피 *Muggle Recipe*

1 떡은 물에 불려놓는다.

2 소스 재료를 봉지에 넣어 골고루 잘 섞이도록 흔들어준다.

3 재료를 모두 넣고 만든 소스 2T과 떡을 냄비에 물 1컵 반 분량을 부어 어묵, 양배추, 양파, 대파와 함께 끓인다.

매직 레시피
Magic Recipe

♦ 닭볶음탕 등 매콤달콤한 다른 요리에도 이 소스를 활용하면 환상적인 맛이 난다.

♦ 고추장을 소스와 1:4 비율로 넣어주어도 효과 up!

♦ 양파분 ½T 마늘분 ½T을 넣어주면 떡볶이 맛집 맛 그대로!

마법 재료

고추장, 양파분 ½T
마늘분 ½T

✧ 3년 묵은 기름기까지 개운하게 다스려줄 상큼한 그 맛, 쫄면 초간단 레시피 ✧

매콤 달콤 상큼 쫄면

무더운 여름에도, 추운 겨울에도 당기는 쫄면의 매력! 매콤하고 달콤하고 상큼하고 알싸한 쫄면을 더 맛있게 만드는 비밀 레시피를 만난다.

✦ 기본 재료(1인분)

당근 50g, 오이 50g
양배추 50g, 상추 50g
냉동쫄면사리면 1개

✦ 소스 재료

식초 5T, 간장 3T
미림 3T, 설탕 6T
미원 ½T, 쇠고기다시다 1T
물엿(올리고당) 3T, 고추장 5T
고춧가루 5T

머글 레시피 *Muggle Recipe*

1 냉동쫄면 1개를 물에 삶고 당근, 오이, 양배추, 상추 등 야채를 모두 채 썰어 한 그릇에 넣는다.

2 식초, 간장, 미림, 설탕, 미원, 쇠고기다시다, 물엿, 고추장, 고춧가루를 섞어 미리 만들어둔 소스를 3T 정도(취향에 따라 가감한다) 넣고 골고루 비빈다.

매직 레시피 *Magic Recipe*

마법 재료

박카스 1T 또는 에너지 드링크
콩나물 150g, 물 1L
다진마늘 1T, 쇠고기다시다 1T

✦ 박카스 1T를 추가하면 마법의 맛이 펼쳐진다. 박카스 외에 다른 에너지 드링크도 모두 사용할 수 있다!

✦ 콩나물, 다진마늘, 쇠고기다시다, 물을 넣고 콩나물국을 함께 끓인 뒤, 콩나물 건더기는 쫄면에 넣어 섞어 먹고, 국물은 호로록 곁들여 마시면 최고!

따끈따끈 칼국수

골목골목마다 유난히 더 자주 마주치는 칼국수 맛집. 오늘부터 우리 집 부엌이 바로 그 칼국수 맛집이 되는 비밀!

◆ 기본 재료(1인분)

애호박 50g
대파 30g
당근채 30g
칼국수면 1개

◆ 소스 재료

다진마늘 1T
멸치 다시다 1T
진간장 1T
후춧가루

머글 레시피 *Muggle Recipe*

1 다진마늘, 멸치 다시다, 진간장, 후추로 소스를 미리 만들어둔다.

2 물 3컵을 냄비에 넣고 끓기 시작하면 칼국수면, 애호박, 대파, 당근채와 미리 만들어둔 소스를 모두 넣고 4분간 더 끓인다.

3 미리 송송 썰어둔 대파는 칼국수가 다 끓고 완성된 뒤 넣는다.

매직 레시피 *Magic Recipe*

◆ 돼지고기 다짐육 100g을 간장 1t에 넣고 볶아 함께 끓여주면 육수 맛이 예술 그 자체.

◆ 청양고춧가루 1T, 물 1T, 쇠고기다시다 1t로 양념장을 만들어 넣고 같이 끓이면 바로 얼큰 칼국수로 변신!

◆ 육수를 원할 때는 시판용 다시다 팩을 사용하면 간편하고 맛도 좋다.

마법 재료

돼지고기 다짐육 100g, 간장 1t
청양고춧가루 1T, 쇠고기 다시다 1t

고소한 마약 잡채

✦ 외국인도 너무너무 좋아하는 고소하고 쫄깃한 잡채 만들기, 어렵지 않아요! ✦

풍부한 재료, 풍성한 영양! 고소하고 담백하고 쫄깃한 맛으로 모두가 즐기는 잡채를 가장 빠르고 쉽게 만드는 방법. 야채와 당면을 함께 볶아 한 방에 해결하기.

✦ 기본 재료(2인분)

부추 50g, 당근 50g
표고버섯 50g
돼지고기 등심 200g
느타리 50g, 당면 150g

✦ 소스 재료

진간장 2T, 참기름 1T
설탕 2T, 쇠고기다시다 ½T
미원 1t, 참깨 ½T
다진마늘 1T, 굴소스 1t

머글 레시피 *Muggle Recipe*

1 당면은 불리지 말고, 물 1L가 끓기 시작하면 타이머를 맞추고 7분간 끓인 뒤 건져낸다.

2 돼지고기 등심, 표고버섯, 당근, 느타리를 넣고 볶다가 고기가 익으면 소스와 당면을 넣고 잘 비비듯 볶는다.

3 부추는 조리가 끝난 뒤 넣고 섞어준다.

마법 재료

노추 또는 카라멜 2T
낙타표 당면

- 당면을 삶을 때 노추나 카라멜 2T을 넣고 삶으면 더 화사한 색감으로 변신!

- 간이 모자라면 소스를 비율 그대로 늘려 볶지 말고 비벼준다.

- 식당에서 먹어본 그대로의 당면 맛을 원한다면 낙타표 당면을 사용한다.

✦ 간식으로도 끼니로도 술안주로도 더할 나위 없는 순대볶음 초간단 레시피 ✦

빨간 순대볶음

고기 내장으로 만든 모든 요리에 활용할 수 있는 만능 마법 소스! 이제 순대, 돼지곱창, 소곱창 모두 집에서 바로바로 만들어 즐길 수 있다.

✦ 기본 재료(2인분)

양파 200g, 부추 30g
대파 50g, 깻잎 50g
양배추 200g, 찰순대 400g
떡국떡 50g, 당면 30g
식용유 2T

✦ 소스 재료

올리고당 4T, 까나리액젓 2T
진간장 3T, 들기름 1T
고추기름 1T, 고추장 2T
다진마늘 1T, 고춧가루 5T
탈피들깨가루 8T, 미원 1t
쇠고기다시다 1T, 사이다 5T

머글 레시피 *Muggle Recipe*

1 당면과 떡은 따뜻한 물에 10분간 불려놓고 야채는 1cm 두께로 썰어둔다.

2 소스 재료를 모두 넣어 미리 준비해둔다.

3 순대는 반드시 찬물을 묻혀 봉지에 씌워 렌지에 뜨겁게 미리 돌린다. (절대 팬에서 속까지 데워지지 않는다.)

4 식용유 2T에 모든 재료와 '소스 반컵'을 넣고 중불에서 볶는다.

✦ 매운 순대가 아니라 백순대가 궁금하다면, 아하부장 유튜브에 접속해 검색해볼 것!

✦ 들깨가루가 어울리는 모든 음식에 사용할 수 있는 마법 만능 소스다.

✦ 순대뿐만 아니라 곱창볶음에도 이 소스를 그대로 응용하면 된다.

마법 재료

곱창

↶ 단백질과 영양은 풍부하고 칼로리는 날씬한 건강식 보쌈 레시피 ↶

전설의 그 보쌈

배 속이 허전할 때, 위장이 너무 민감할 때 더 그리워지는 따뜻하고 담백한 보쌈. 영양가 풍부하고 부담스럽지 않은 그 보쌈을 집에서 편히 먹는 가장 간단한 레시피!

◆ 기본 재료(2인분)
삼겹살 덩어리 1kg

◆ 소스 재료
맥주 2컵, 소주 6T
꽃소금 2T, 설탕 3T
쌍화탕 1병

머글 레시피 *Muggle Recipe*

1 찬물 3L에 소스 재료와 고기를 넣고 센불로 빠글빠글 끓인다.

2 물이 끓기 시작하면 25분간 더 끓인다. 중불로 줄여 15분간 더 끓인 뒤, 약불로 줄여 10분간 더 끓인다.

3 마지막으로 불을 끄고 뚜껑을 덮은 뒤 10분간 뜸 들인다.

매직 레시피
Magic Recipe

마법 재료
_____
삼계탕용 한방 재료 팩
미추리삼겹, 돼지 앞사태

◆ 삼계탕용 한방재료 팩을 넣어도 그만이다!

◆ 남은 보쌈은 랩으로 완전 밀봉해 냉장보관하고, 다시 먹을 때는 반드시 찜기에 쪄낸다.

◆ 살코기를 좋아하면 미추리삼겹을 사고, 지방을 선호하면 미추리를 빼고 달라고 정육점에 반드시 요청할 것!

◆ 돼지 앞사태를 사용하면 족발처럼 또 다른 식감을 느낄 수 있다.

✦ 남녀노소 모두 즐길 수 있고 반찬으로도 안주로도 만점인 소시지 야채볶음 ✦

마약 소시지 야채볶음

소스만 만들어두면 언제든 간편하게 집에서 즐길 수 있는 소시지와 야채의 환상 조합! 배고플 때 술 고플 때 간식 고플 때 만능으로 활용할 수 있다.

◆ 기본 재료(2인분)

소세지 450g 1봉, 양파 150g
대파 100g, 식용유 2T

◆ 소스 재료

진간장 2T, 올리고당 3T
미원 ½T, 후춧가루
다진마늘 1T, 케첩 반컵
설탕 6T, 돈카츠소스 6T

머글 레시피 *Muggle Recipe*

1 식용유 2T에 먼저 양파와 2cm 정도 크기로 자른 대파 100g을 넣고 2분 정도 색이 올라올 만큼 볶는다.

2 진간장, 올리고당, 미원, 후추, 다진마늘, 케첩, 설탕, 돈카츠소스로 소스를 만든다.

3 소시지와 소스 반컵을 넣고 3분 정도 중불에서 더 볶는다.

마법 재료

브로콜리 50g
총알새송이 50g, 굴소스 2T

◆ 브로콜리 50g, 총알새송이 50g을 끓는 물에 20초 데쳐서 넣어주면 더 완벽한 맛!

◆ 돈카츠소스가 없다면 굴소스 2T로 대체해도 좋다.

◆ 중요! 소시지를 고를 때 돼지고기 함량이 90%가 넘고 가격은 100g당 1000원을 넘지 않으면 완벽한 가성비!

육회와 비빔밥

간장 베이스의 환상적인 비율이면, 우리 집 부엌에서도 육회 정도는 전문점보다 맛있게 무쳐 먹을 수 있다. 밥 소스로도, 육회 소스로도 전천후로 활용 가능한 레시피!

◆ 기본 재료(2인분)

육회용 쇠고기 250g
양파 50g, 상추 50g
쪽파 30g, 달걀 2개
햅반 1개

◆ 소스 재료

간장 1T, 설탕 1T, 다시다 1t
다진마늘 1T, 참기름 1T
매실음료 베이스 ½T
참깨 ½T
고춧가루, 후춧가루

머글 레시피 *Muggle Recipe*

1 쇠고기에 소스를 다 넣어 조물조물 섞는다. 고춧가루와 후춧가루는 조금씩만 톡톡 넣어준다.

2 양파와 상추, 쪽파를 아주 얇게 썰고 밥 200g에 야채를 얹은 뒤 고기를 얹는다. 계란 노른자는 취향에 따라 넣는다.

3 골고루 섞이도록 살살 잘 비벼낸다.

매직 레시피
Magic Recipe

마법 재료

배, 오이, 양파, 냉동 육회

◆ 싱거우면 간장만 약간 추가해서 비벼 먹는다. 다른 것을 넣지 않는 것이 마법!

◆ 그냥 육회로만 먹고 싶다면 배와 오이, 양파를 첨가해 먹는다.

◆ 육회 고기로는 보통 우둔살을 사용할 때 가성비가 완벽해지는 마법!

◆ 냉동 육회 고기를 사서 녹이지 않고 비벼 먹으면 아삭아삭한 식감이 절묘하다.

우리 집 LA 이동갈비

갈비 먹으러 LA 갈 필요 없이 우리 집 부엌에서 뚝딱! 요리 마법사 아하부장의 다른 레시피보다 복잡해 보인다고요? 일단 해보시면 압니다. 5분 레시피 버전 끝판왕!

♦ **기본 재료(2인분)**
LA갈비 700g, 물 3컵

♦ **소스 재료**
설탕 5T, 간장 5T
매실액 1T, 미원 ½T
쇠고기다시다 1T
물 1컵 반, 미림5T
다진마늘1T, 후춧가루
쌍노두(노추) 1T
갈아만든배 반컵

머글 레시피 *Muggle Recipe*

1 설탕, 간장, 매실액, 미원, 쇠고기다시다, 물 1컵 반, 미림, 다진마늘, 후춧가루, 쌍노두(노추), 갈아만든배 반컵을 섞어 소스를 만든다.

2 갈비를 담고 미리 만들어둔 소스를 부어 재워둔다.

3 이틀 뒤 구워 먹는다.

마법 재료

파인애플 통조림 국물 반 컵

♦ 갈아만든배를 파인애플 통조림 국물 반 컵으로 대체해도 좋다.

♦ 고기와 소스 비율은 7:3 정도가 이상적이나, 쉽게 상하기 때문에 소스에 고기가 반드시 푹 잠기도록 통을 사용한다.

♦ 고기는 무조건 미국산 초이스급을 사용해야 좋다.

우리가 먹고 마시는 모든 제품은
우리가 먹고 마시는 모든 요리에
다양하게 응용할 수 있다

Magic
Recipe

만능 식당 맛
변신 마법

단골식당 맛의 핵심은 무엇일까? 언제, 누구와 먹어도 맛있는 만능 메뉴들
먹고 돌아서도 다시 그리워지는 맛을 우리 집 부엌에서 만나는 레시피!

부작용 집밥과 단골식당 맛을 구분하지 못하게 된다.

전문점에서 먹을 때마다 재료와 가성비와 레시피를 본의 아니게 분석하게 된다.

✦ 해산물이 들어가는 얼큰한 찌개라면 모두 활용할 수 있는 만능 마법 레시피 ✦

만능 순두부찌개

전문 식당과 같은 맛을 내기가 은근히 어려운 순두부찌개! 이제 그 맛을 그대로 재현할 수 있는 만능 마법 소스로 더 맛깔난 순두부찌개를 직접 만들어보자.

♦ 기본 재료(2인분)

순두부 400g 1개, 바지락 100g
물 2컵, 다진마늘 1T
애호박 30g, 양파 30g
대파 30g, 청양고추 1개
표고버섯 1개

♦ 소스 재료

고춧가루 2T, 청양고춧가루 2T
다시다 2T, 혼다시 2T
액상치킨스톡 2T, 미원 2T
굴소스 2T, 국간장 2T, 미림 6T
꽃소금 1T, 후춧가루 ½T

머글 레시피 *Muggle Recipe*

1 애호박, 양파, 대파, 청양고추, 표고버섯은 모두 1cm 정도로 깍둑 썰어놓는다.

2 물 2컵에 소스 2T, 다진마늘, 야채 전부를 넣고 5분 정도 끓인다.

3 순두부를 넣고 대략 4등분으로 갈라주고 5분간 끓인 뒤 계란 1개를 넣어 먹는다.

4 간은 취향에 맞게 소스로 가감한다.

매직 레시피 *Magic Recipe*

♦ 화유 ½T 넣으면 짬뽕순두부로 변신!

♦ 생선찜, 탕 등 생선 요리를 모두 한 번에 해결하는 소스!

♦ 바지락을 넣었을 때 가장 맛있지만, 돼지고기 다짐육 100g을 넣으면 또 다른 맛의 신세계가 펼쳐진다.

마법 재료

화유 ½T
돼지고기 다짐육 100g

107

만능 생선찌개

손질하기도 까다롭고 좋은 맛을 내기도 쉽지 않을 것 같은 생선찌개. 하지만 이 마법 소스 하나면 어떤 생선찌개도 부엌에서 바로 뚝딱!

◆ **기본 재료(4인분)**

동태 2kg, 대파 200g
무 500g, 다진마늘 2T
청양고추 3개, 미나리 50g
두부 반모, 물 4L

◆ **소스 재료**

고춧가루 5T
청양고춧가루 1T
참치액젓 6T, 후춧가루 1t
미원 1t, 혼다시 1T
쇠고기다시다 1T

머글 레시피 *Muggle Recipe*

1 고춧가루, 청양고춧가루, 참치액젓, 후춧가루, 미원, 혼다시, 쇠고기 다시다를 섞어 소스를 만든다.

2 동태, 대파, 무, 다진마늘, 청양고추, 송송 썰어둔 미나리, 두부와 소스를 물 4L에 그대로 다 넣은 뒤 중불에서 20분간 바글바글 끓인다.

마법 재료

디포리
미더덕 고니, 알

◆ 육수를 더 맛있게 내고 싶다면 디포리를 사용하면 좋다.

◆ 미더덕 고니와 알을 넣으면 더 풍성해 보이고 맛도 더 다채로워진다. 가격도 아주 저렴한 마법 아이템.

◆ 해물탕, 꽃게탕, 매콤한 해산물 샤브샤브 등에 다양하게 사용할 수 있는 마법 소스!

만능 돼지고기 김치찌개

돼지찌개? 김치찌개? 김치가 들어가는 모든 찌개에 활용할 수 있는 원조격 소스와 레시피! 웬만한 김치찌개 맛집 부럽지 않을 맛을 바로 만들 수 있다.

♦ 기본 재료(3인분)

돼지전지 300g
잘 익은 김치 500g
얇게 썬 양파 130g
대파 40g, 청양고추 2개
김칫국물 1컵, 두부 반모
다진마늘 1T, 물 4컵

♦ 소스 재료

다진마늘 1T, 고춧가루 2T
미림 4T, 진간장 1T, 고추장 1T
식초 1T, 쇠고기다시다 1.5T
새우젓 ½T, 설탕 3T, 미원 1t

머글 레시피 *Muggle Recipe*

1 다진마늘, 고춧가루, 미림, 진간장, 고추장, 식초, 쇠고기다시다, 새우젓을 섞어 소스를 만든 뒤 돼지고기를 30분 정도 재워놓는다.

2 대파와 청양고추는 어슷썰기 해둔다.

3 팬에 식용유 2T을 두른 뒤 두부를 뺀 모든 재료를 넣고 5분간 볶는다.

4 물 4컵, 김칫국물 1컵을 넣고 15분간 중불에서 바글바글 끓인다.

5 약불로 줄인 뒤 두부를 넣고 1분 더 끓인다.

마법 재료

식초, 설탕
깍두기

♦ 새콤함이 부족할 때는 식초를, 새콤함이 지나칠 때는 설탕을 넣는다. (신맛을 단맛으로 잡는 것은 조리법의 기본!)

♦ 김치 대신 깍두기를 넣으면 바로 깍두기 찌개가 된다. 아삭한 식감과 시원한 양념 맛이 일품!

♦ 짜게 느껴지면 맹물을 넣어 간을 맞추는 센스!

⇸ 간편하게 싸게 하지만 너무나 맛있게 만들어 먹는 우동 레시피 ⇷

만능 변신 우동

재료비 1만 원으로 30그릇(한 그릇에 300원)을 만들 수 있는 초간단 초대박 만능 우동 레시피. 그러나 따뜻하고 쫄깃한 맛은 3천 원 이상 가성비 보장!

◆ 기본 재료(1인분)

유부 50g
시치미 ½T
대파 30g
시판용 우동면 1개

◆ 소스 재료

간장 ½컵, 미림 ½컵
물 3컵, 설탕 2T, 혼다시 1T
미원 ½T, 가스오부시 50g
다시마 1장

머글 레시피 *Muggle Recipe*

1 간장 ½컵, 미림 ½컵, 물 3컵, 설탕, 혼다시, 미원, 가스오부시, 다시마 등 모든 소스 재료를 넣고 끓인다. 물이 끓기 시작하면 약불로 줄이고 10분이면 완성!

2 우동면은 따로 데쳐 넣은 뒤 국물을 붓고 유부, 시치미, 송송 썬 대파를 넣어 즐긴다.

매직 레시피
Magic Recipe

◆ 어디서든 살 수 있는 면사랑 우동엑기스를 쓰면 더 간편하고, 더 대중적인 맛을 끌어낼 수 있다.

◆ 어묵을 넣으면 어묵우동, 시치미를 넣으면 독특하고 매콤한 시치미우동, 또 유부우동, 김치우동 등으로 무한 응용 가능!

마법 재료

우동엑기스, 어묵
시치미, 유부, 김치

만능 어묵탕

아이들 입맛에도, 어른 입맛에도 편안하게 잘 맞는 어묵탕 간편하게 만들어 먹기. 한국인 입맛에 맞게 칼칼하고 알싸한 청양고추가 들어가면 신의 한 수!

♦ **기본 재료(2인분)**
무 300g
대파 100g
어묵 300g
물 1L, 청양고추 3개

♦ **소스 재료**
쇠고기다시다 1T
진간장 1T
미원 1t, 후춧가루
다진마늘 1T
혼다시 1t

머글 레시피 *Muggle Recipe*

1 무는 3mm 정도로 썰고 대파는 4cm정도로 토막 낸다. 청양고추는 송송 썰어놓는다.

2 청양고추를 제외한 재료와 쇠고기다시다, 진간장, 미원, 후춧가루 톡톡, 다진마늘 등 소스를 물 1L에 모두 넣고 끓기 시작하면 5분간 더 끓인다.

3 불을 끈 뒤 청양고추를 뿌려서 먹는다.

마법 재료

우동엑기스, 혼다시 ½T
쇠고기다시다 ½T

♦ 어묵탕에도 어디서든 싸게 살 수 있는 우동엑기스를 취향대로, 간에 맞게 사용하면 더 편하고 맛도 좋다.

♦ 식당에서 먹는 익숙한 어묵탕 맛을 내려면 반드시 쇠고기다시다 반, 혼다시 반을 사용할 것!

♦ 청양고추는 반드시 조리가 끝난 뒤 넣어야 칼칼한 맛이 제대로 살아난다.

♦ 싱거우면 간장이 아니라 혼다시로 간을 맞춘다.

만능 생선조림

이 세상에 생선 종류는 바다만큼 깊고 넓지만, 생선조림용 소스는 이 하나로 다 해결된다! 집밥에서 비싼 생선 요리까지 전천후로 사용할 수 있는 마법 소스.

♦ **기본 재료(2인분)**

대파 50g, 청양고추 4개
양파 200g, 무 400g
고등어 1손(500g)

♦ **소스 재료**

설탕 4T, 간장 4T
다진마늘 2T, 다시다 1T
미원 ½T, 고춧가루 8T
고추장 1T, 미림 4T

머글 레시피 *Muggle Recipe*

1 채소는 모두 0.5cm 두께로 썰어 준비한다.

2 물 4컵에 소스를 풀어 냄비에 붓고 무를 가장 먼저 깐 다음 고등어를 깐다. 그다음 빠글빠글 끓인다.

3 물이 끓기 시작하면 중약불로 바글바글 25분간 더 끓이고, 나머지 야채를 모두 넣고 5분간 더 끓여낸다.

매직 레시피
Magic Recipe

마법 재료

무, 고춧가루 1T, 아귀

♦ 무를 3cm로 잘라 약불에서 1시간 끓인 뒤 식혀 다음 날 조리하면 진정한 마법의 '무' 맛을 만날 수 있다.

♦ 마지막 야채를 넣고 5분간 끓일 때 고춧가루 1T를 야채에 뿌린 뒤 뚜껑을 닫고 끓이면 생선 전문 식당 맛 그대로!

♦ 같은 양념에 아귀를 넣어 아귀조림으로 응용하면 또 다른 마법이 펼쳐진다.

✦ 집에서 다각도로 응용할 수 있는 제육 요리 끝판왕 ✦

만능 제육 짜글이

그 맛있던 식당 짜글이 맛을 이렇게 쉽게 따라서 낼 수 있다니! 심지어 집에서 내 맘대로 더 자유롭게 다양하게 만들어볼 수 있는 제육 짜글이 비법.

◆ **기본 재료(4인분)**

돼지고기 전지 1kg
(1cm 두께짜글이용으로
썰어달라고 요청하세요)
느타리버섯 100g
청양고추 3개, 양파 500g
대파 100g

◆ **소스 재료**

미림 6T, 올리고당 2T, 간장 4T
헌트바베큐소스 4T, 다시다 2T
설탕 2T, 참기름 1T, 고추장 2T
고춧가루 8T, 다진마늘 5T

머글 레시피 *Muggle Recipe*

1 양파는 1cm로 깍둑썰기한다. 소스에 양파와 고기를 1시간가량 재워놓는다.

2 식용유 4T에 재워둔 고기와 양파를 중불에서 10분 정도 충분히 볶아준다.

3 물을 5컵 넣고 10분 정도 더 끓인다. 버섯과 고추 대파를 넣고 5분간 더 끓이면 완성된다.

매직 레시피 *Magic Recipe*

◆ 파김치 200g을 넣어 함께 끓이면 한국인 입맛 저격 파김치 짜글이로 변신!

◆ 딸기쨈 2T을 넣으면 새로운 세계의 단맛과 감칠맛을 느낄 수 있다.

마법 재료

파김치 200g, 딸기쨈 2T

✦ 비가 오면 생각나고 매운맛이 당길 때면 또 생각나는 그 쭈꾸미 ✦

만능 쭈꾸미 볶음

반찬으로도 안주로도 맛도 영양도 만점인 쭈꾸미! 초간단 레시피에 원하는 야채를 곁들이기만 하면 식당에서 먹던 그 맛 그대로.

◆ **기본 재료**(2인분)

냉동쭈꾸미 400g
양배추 200g, 베트남고추 8개

◆ **소스 재료**

미림 8T, 간장 8T
고춧가루 1컵, 굴소스 4T
다진마늘 4T, 설탕 8T
다시다 2T, 미원 ½T
후춧가루, 화유 4T

머글 레시피 *Muggle Recipe*

1 물 1컵을 팔팔 끓이고 쭈꾸미를 넣는다.

2 물이 다시 끓기 시작할 때까지만 데친 뒤 물을 따라 버린다.

3 식용유 2T, 크게 썬 양배추, 미리 만들어둔 쭈꾸미 소스 8T를 넣고 3분 정도만 센불에서 가볍게 볶아낸다.

매직 레시피
Magic Recipe

◆ 데친 콩나물 100g, 상추 40g을 넣어 비비면 그대로 프랜차이즈 식당 맛이 된다.

◆ 화유 ½T를 넣어서 섞고 마무리하면 말 그대로 미친 불맛으로 변신!

◆ 낙지, 오징어, 바지락 등등 기호에 맞춰 어떤 해산물을 넣어도 어울린다.

마법 재료

데친 콩나물 100g, 상추 40g
화유 ½T, 낙지, 오징어, 바지락

✦ 해산물과 육류의 아주 바람직한 만남, 영양 만점 오삼불고기 초간단 레시피 ✦

만능 오삼불고기

성인병 예방에 탁월한 타우린이 풍부한 오징어, 동안을 만들어주는 콜라겐 가득한 돼지고기가 만났다! 말할 것도 없이 그 시절 온양 맛집 '고바우'에서 먹던 맛 그대로!

♦ 기본 재료(2인분)

돼지고기 전지 400g
오징어 200g
청양고추 2개
양파 200g, 느타리버섯 50g
대파 100g

♦ 소스 재료

고춧가루 2T, 설탕 3T
후춧가루, 진간장 1T
쇠고기다시다 1T, 고추장 3T
다진마늘 1T, 물 3T, 식용유 2T

머글 레시피 *Muggle Recipe*

1 돼지고기 전지, 오징어, 청양고추, 양파, 느타리버섯, 대파와 소스 재료를 준비한다.

2 식용유에 모든 기본 재료, 소스 재료를 다 넣고 5분간 잘 볶는다.

3 끓기 시작하면 5분간 빠글빠글 센불에서 끓인다.

4 후추를 취향껏 톡톡 뿌려 먹는다.

매직 레시피 *Magic Recipe*

♦ 고추장을 된장으로 바꾸면 색다르고 아주 깊은 풍미로 변신!

♦ 오징어를 빼고 콩나물을 넣으면 '콩불'이 된다.

♦ 유자청(유자차) 1T가 들어가면 고급스러운 단맛과 풍미가 난다.

마법 재료

된장 2T, 콩나물 300g
유자청(유자차) 1T

123

만능 김치갈비찜

이제 유명한 묵은지 김치갈비찜 식당이 전혀 부럽지 않다! 따뜻하고 매콤한 김치갈비찜을 이제 집에서 바로 밥도둑으로 만드는 비법.

◆ 기본 재료(4인분)
찜용 돼지갈비 1Kg
김치 1Kg
대파 150g

◆ 소스 재료
다진마늘 3T, 새우젓 ½T
참치액젓 2T, 식초2T, 설탕 1T
미원 ½T, 쇠고기다시다 2T
고춧가루 4T, 청양고춧가루 1T

머글 레시피 *Muggle Recipe*

1 다진마늘, 새우젓, 참치액젓, 식초, 설탕, 미원, 쇠고기다시다, 고춧가루, 청양고춧가루 등을 섞어 소스를 만든다.

2 냄비에 물 2L와 갈비, 김치, 소스를 모두 넣는다.

3 물이 끓기 시작하면 약불에서 뚜껑을 덮고 50분간 더 끓인다.

매직 레시피 Magic Recipe

◆ 묵은지를 사용했을 때 너무 시면 설탕이나 미림으로 신맛을 꼭 잡아준다.

◆ 참치액젓은 까나리나 멸치액젓으로 얼마든지 대체할 수 있다.

◆ 된장을 1T 추가하면 혹시라도 날 수 있는 고기 냄새를 제거할 수 있는 마법!

마법 재료

미림, 까나리액젓
멸치액젓, 된장 1T

⤜ 특별한 날에만 먹던 갈비찜, 이 레시피 하나면 우리집은 날마다 축제 ⤛

만능 궁중갈비찜

소갈비는 고급이고 돼지갈비는 저렴하다? 이 양념이면 고기 종류와 상관없이 특별한 날 특별한 장소에서 먹던 그 갈비찜 맛 그대로!

♦ 기본 재료(3인분)

찜용갈비 1.5Kg
무 500g, 대파 100g
당근 100g, 양파 300g
대파 50g, 물 2.5L

♦ 소스 재료

다진마늘 2T, 후춧가루 1t
진간장 6T, 쇠고기다시다 2T
미원 1T, 설탕 6T
굴소스 2T

머글 레시피 *Muggle Recipe*

1 무, 당근, 양파를 모두 2cm 두께로 크게 썰고 대파는 어슷썬다. 갈비는 가볍게 씻어 뼛가루를 없앤다.

2 모든 재료와 소스 재료를 다 넣고 끓인다. 물이 끓기 시작하면 뚜껑을 닫고 약불에서 보글보글 1시간 20분간 더 끓인다.

3 송송 썬 대파와 참기름 1T을 뿌려서 먹는다.

마법 재료

카라멜 2T 또는 노추(쌍노두) 2T

♦ 식당과 똑같은 검은색은 카라멜 2T 또는 노추(쌍노두) 2T을 넣는다. 맛에는 거의 차이 없이 색상만 변신!

♦ 무를 먼저 30분간 끓여두었다가 다음 날 다시 끓이면 진정한 마법의 '무' 맛

♦ 소갈비는 품질에 따라 맛 차이가 크다. 미국산 초이스 등급이 가장 좋다.

만능 닭볶음탕

건강에 좋고 맛과 가성비는 더 좋은 닭볶음탕 집에서 만드는 비법. 믿을 수 없는 가성비 레시피를 바로 부엌에서 확인해본다.

◆ 기본 재료(2인분)

9호닭 1마리, 양파 200g
대파 100g, 감자 300g
청양고추 3개, 떡볶이떡 100g

◆ 소스 재료

고춧가루 6T, 청양고춧가루 2T
진간장 4T, 미림 4T
굴소스 2T, 다진마늘 2T
쇠고기다시 1T, 미원 1t
설탕 4T, 고추장 2T

머글 레시피 *Muggle Recipe*

1 야채는 모두 4cm 두께로 크게 썬다.

2 신선한 닭은 데치지 않고 그냥 물로 깨끗이 씻어놓는다.

3 물 2L에 소스 전부와 야채, 닭을 모두 넣고 물이 끓기 시작하면 중 불에서 바글바글 25분간 끓인다.

Magic Recipe

마법 재료

토종닭 한 마리
감자, 타바스코 1T

◆ 토종닭을 사용하면 40분은 삶아야 한다.

◆ 감자를 넣어도 맛있지만 너무 많이 넣으면 닭죽이 되어버릴 수 있으니 조심!

◆ 매운맛을 즐기고 싶다면 타바스코 1T을 넣는다. 호불호가 있으니 주의!

만능 가리비 비빔밥

담백하고 영양 높은 가리비야말로 그동안 잘 몰랐던 최고의 비빔밥 재료. 물론 이 소스만 있으면 가리비뿐만 아니라 꼬막, 굴, 오징어, 새우 등 온갖 해산물 비빔밥이 탄생하는 마법!

♦ 기본 재료(1인분)

쪽파 50g, 양파 50g
마늘 3개 20g
청양고추 2개 15g
냉동가리비살 200g
햅반 1개

♦ 소스 재료

설탕1T, 고춧가루 4T, 참깨 1T
후춧가루, 다진마늘 2T
진간장 3T, 환만식초 1T
미림 1T, 참기름 1T, 미원 1t
쇠고기다시다 1t
까나리액젓 2T, 올리고당 3T

머글 레시피 *Muggle Recipe*

1 소스는 모두 잘 섞은 뒤 1~3일간 숙성하면 가장 맛있다.

2 쪽파는 3cm 정도로 토막 내고 마늘과 양파, 청양고추는 얇게 썬다. 냉동 가리비살은 끓는 물에 살짝 데쳐 식힌다.

3 재료와 소스 5T를 섞은 후 밥 위에 얹어 먹는다.

매직 레시피
Magic Recipe

♦ 비빌 때 들기름을 살짝 추가하면 더 맛있다.

♦ 당연히 가리비 대신 꼬막, 굴, 오징어 등등 원하는 모든 재료로 바꾸어 넣을 수 있다. 메뉴 이름은 당연히 바뀌겠지만!

♦ 양념새우장을 원한다면 소스에 흰다리새우 200g을 까서 넣고 2일 정도 숙성한다.

마법 재료

들기름, 꼬막
굴, 오징어, 흰다리새우 200g

세상의 모든 천연 재료에는
타고난 이유가 있다
세상의 모든 조미료에도
만들어진 이유가 있다

Magic
Recipe

외국 음식 전문점
변신 마법

우리 집 부엌에서 언젠가부터 낯선 나라의 향기가 흐른다
막상 해보면 정말 쉽게 더 저렴하게 즐길 수 있는 외국 음식 레시피!

☠ 비싼 돈 내고 해외여행 가서 식도락하는 재미가 사라질지도 모른다.
부작용 이탈리안 레스토랑에 갈 때마다 가성비를 따져보다 입맛을 잃을지도 모른다.

왕서방 짜장

짜장면 배달은 이제 그만! 집에서 만든 짜장으로 짜장면, 짜장밥, 사천짜장까지 다용도로 활용해 모든 짜장 요리를 만들어 먹을 수 있다.

◆ 기본 재료(3인분)

돼지고기 후지 200g
냉동면사리 3개
식용유 4T, 양파 800g
대파 200g, 생강 5g

◆ 소스 재료

볶은춘장 4T, 간장 1T
굴 소스 1T, 미원 1t
치킨스톡 1T, 물 2T
감자전분 2T, 설탕 3T

머글 레시피 *Muggle Recipe*

1 양파, 대파는 1cm 정도로 깍둑썰기하고, 생강은 채 쳐서 준비해둔다.

2 돼지고기 후지 200g을 식용유 4T에 볶다가 고기가 익으면 볶은춘장, 간장, 굴 소스, 미원, 설탕, 치킨스톡을 모두 넣고 5분 더 볶는다.

3 끓는 물에 사리면을 냉동 상태 그대로 넣고, 면이 풀어지면 바로 건져서 찬물에 헹군다.

4 물 1컵을 넣고 끓어오르면 3분간 더 끓이다가 물 전분(감자 2T+물 2T)을 넣고 잘 저어 마무리한다.

매직 레시피 *Magic Recipe*

◆ 마지막에 참기름을 살짝 뿌리면 더 고소해진다. 오이채는 신선하고 바삭바삭한 식감을 더해준다. (그래서 거의 필수!)

◆ 고추기름 1T과 청양고춧가루 1t을 섞어 넣으면 바로 사천짜장으로 변신!

마법 재료

참기름, 오이채
고추기름 1T, 청양고춧가루 1t

왕서방 짬뽕

짜장면 파? 짬뽕 파? 무엇을 선호하든 이제 집에서 간단히 만들어 먹을 수 있다. 불맛을 완벽하게 낼 수 없어도 조미료를 잘 활용하면 중국집 맛 그대로!

♦ 기본 재료(2인분)

돼지고기 후지 200g
냉동해물 믹스 300g
청양고추 2개, 배추 200g
양파 300g, 냉동면 2개
고추기름 1T, 다진마늘 1T
고운 고춧가루 2T, 식용유 2T

♦ 소스 재료

짬뽕다시 2T, 미원 1T
치킨스톡 2T, 굴 소스 1T
후춧가루
화유 1T, 꽃소금 1t

머글 레시피 *Muggle Recipe*

1 크고 둥근 냄비(웍)에 고추기름과 식용유를 넣고 돼지고기와 다진 마늘을 볶는다.

2 고기가 익으면 양파와 배추를 넣고 1분 정도 볶다가 고춧가루를 넣고, 타지 않도록 주의하며 3분 정도 더 볶는다.

3 물 2컵을 해물믹스와 넣어 센불에서 빠글빠글 5분간 끓인 뒤 나머지 물 4컵을 소스와 넣고 5분간 더 끓여낸다.

매직 레시피 *Magic Recipe*

마법 재료

사골분말 또는 사골엑기스 1T
핵산 0.5(아이미)

♦ 화유는 집에서 불맛을 낼 때 반드시 필요한 재료!

♦ 야채와 고춧가루를 볶을 때는 항상 물을 옆에 두고 타지 않도록 물을 1T 씩 넣어가며 볶을 것.

♦ 짬뽕다시가 없으면 사골분말을 사용할 것! 또는 사골엑기스 1T를 사용해도 충분히 맛있다.

♦ 미원은 핵산 0.5(아이미)를 사용하면 진짜 전문점 맛을 낼 수 있다.

↣ 고급 레스토랑 외식비 한 방에 절감하는 파스타 초간단 레시피 ↢

참 쉬운 툼바 파스타

고급 레스토랑 한 끼 비용으로 스파게티 다섯 그릇을 만들 수 있다? 일단 한번 해보면 알게 된다. 파스타 만들기쯤이야 식은 죽 먹기였음을!

◆ 기본 재료(1인분)
양송이 3개
냉동탈각새우 8마리
쪽파 10g, 양파 50g
링귀니 100g
케첩 1.5T, 버터 20g

◆ 소스 재료
생크림 1컵, 우유 4T
청양고춧가루 또는
카이엔페퍼 ½t(2.5㎖)
치킨스톡 1t, 후춧가루

머글 레시피 *Muggle Recipe*

1 면은 물 2L에 소금 1T을 넣고 물이 팔팔 끓을 때 8분간 삶은 뒤, 그냥 건져서 둔다.

2 중불에서 버터를 녹이고, 먼저 새우를 케첩을 넣고 볶는다. 새우가 잘 구워지면 얇게 썬 양송이와 얇게 채 친 양파를 넣고 연한 갈색으로 바뀔 때까지 야들야들 볶는다.

3 소스 재료를 모두 넣고 끓인다. 소스를 1분 정도 졸이다 면을 넣고, 다시 1분 더 졸인 뒤 송송 썬 쪽파를 넣어 마무리한다.

마법 재료
토마토 페이스트
휘핑크림(무가당) 4T
베트남 고춧가루

◆ 새우는 케첩에 조물조물 버무려놓은 뒤 사용하면 간이 미리 배어서 좋다.

◆ 케첩 대신 토마토 페이스트를 사용하면 풍미가 더 살아난다.

◆ 우유가 없을 때는 휘핑크림(무가당) 4T을 사용해도 좋다.

◆ 매운맛을 원할 때에는 카이엔페퍼 페페론치노, 베트남 고춧가루 등을 취향에 따라 원하는 대로 넣어 활용한다.

✦ 파스타의 기본은 토마토에서! 장수를 돕는 건강식품 토마토로 만드는 초간단 파스타 ✦

참 쉬운 토마토 파스타

지금 당장 이탈리아 동네 어귀에 파스타 전문점을 차리고 싶어지는 레시피. 정통 아마트리치아나 바로 그 맛!

♦ **기본 재료(2인분)**

양파 100g, 버터 20g
엑스트라버진 1T
베이컨 100g, 페페론치노 5개
스파게티면 140g

♦ **소스 재료**

홀토마토 800g, 꽃소금 ½T
설탕 1T, 바질분 ½T
타바스코 3T, 치킨스톡 1T

머글 레시피 *Muggle Recipe*

1 면은 물 2L에 소금 1T을 넣고 물이 팔팔 끓을 때 8분간 삶은 뒤, 그냥 건져서 둔다.

2 베이컨은 1cm 간격으로 썰고 양파는 얇게 썬다.

3 엑스트라버진과 버터를 녹인 뒤 베이컨 기름이 거의 다 빠져나가 바삭해질 때까지 양파와 볶는다. 나머지 모든 재료와 소스를 넣고 중불에서 끓인다. 홀토마토는 계속 으깨준다.

4 끓기 시작하면 약불로 줄여 5분 더 끓인다. 면에 넣고 비벼주거나 면 위에 뿌려 먹는다.

매직 레시피
Magic Recipe

♦ 치즈를 곁들이고 싶다면 그라나파다노를 갈아 뿌려서 사용하면 좋다.

♦ 베트남고추 6개를 부셔서 소스에 넣으면 환상적인 매운맛으로 변신!

♦ 홀토마토는 갈아서 끓여주면 식감이 더 부드러워지고 전문점에 가까운 맛이 난다. 청포도 100g을 함께 넣어 갈면 색다른 맛으로 변신!

♦ 비엔나소시지 5개를 추가하면 더 배불리 즐길 수 있다.

마법 재료

그라나파다노 치즈, 청포도 100g
비엔나소시지 5개, 베트남고추 6개

✦ 지중해 바람에 실려오는 올리브 향과 마늘의 알싸한 만남 ✦

참 쉬운 알리오올리오

레스토랑에서 먹는 오일 스파게티는 왜 그렇게 비싸단 말인가? 라면보다 싸게, 라면보다 맛있게 집에서 만들어 먹을 수 있는 알리오올리오의 충격 고백!

♦ 기본 재료(1인분)

스파게티면 140g
마늘 8개(50g)

♦ 소스 재료

올리브오일 2T
까나리액젓 ½T
치킨스톡 1t
설탕 1t
물 6T

머글 레시피 *Muggle Recipe*

1 면은 물 2L에 소금 1T을 넣고 물이 팔팔 끓을 때 8분간 삶은 뒤, 그냥 건져서 둔다.

2 마늘은 최대한 잘게 다져놓는다.

3 올리브오일 2T와 마늘을 중불에서 연해지도록 볶다가, 면과 소스 재료를 전부 넣고 물이 기름과 엉겨 꾸덕해질 때까지 볶는다.

매직 레시피 *Magic Recipe*

마법 재료

치즈, 토마토 3개, 바질
계란 노른자 1개

♦ 물과 기름이 제대로 엉겨 꾸덕한 소스 느낌을 내려면, 물이 끓을 때 젓가락으로 면을 빙글빙글 돌리며 소스를 만든다.

♦ 치즈(그라나파다노)를 갈아 뿌리고, 반 가른 토마토 3개를 넣고, 향긋한 바질을 조금 곁들이면 고급 레스토랑에서 먹던 맛 그대로!

♦ 계란 노른자 1개를 넣으면 본토 맛 까르보나라로 변신하는 마법!

✧ 독특하고 고급스러운 일본식 카레를 집에서 먹을 수 있는 레시피 ✧

한국 부엌에서 일본식 카레

은근히 가끔 생각나는, 중독성 있는 일본식 카레를 이제 집에서 먹을 수 있다? 전문점 맛 그대로 즐겨보는 일본식 카레 레시피 비법!

◆ **기본 재료(3인분)**

일본식 고형 카레 4블록(1팩)
양파 400g, 식용유 2T
생크림 1컵, 물 3컵
토마토케첩 4T

◆ **소스 재료**

일본식 고형 카레가
곧 소스가 된다.

머글 레시피 *Muggle Recipe*

1 양파 400g을 최대한 얇게 썰어 식용유 2T을 넣은 뒤 중불에서 대략 5분 이상 노릇하게 볶는다.

2 물 3컵, 생크림 1컵, 토마토케첩 4T, 일본식 고형 카레 4블록을 모두 볶은 양파에 부어준다.

3 물이 끓어오르기 시작하면 중약불에서 5분간 더 끓인다.

마법 재료

토마토 페이스트
마가린, 버터, 고수

◆ 케첩 대신 토마토 페이스트를 넣어주면 카레 전문점 맛 물씬.

◆ 양파를 볶을 때 식용유 대신 마가린이나 버터를 쓰면 더 부드럽고 풍부한 맛으로!

◆ 고수를 토핑으로 올려 먹으면 독특하고 색다른 향취가 가득!

◆ 일본식 카레에는 반드시 일본식 카레 베이스를 사용해야 특유의 맛이 살아난다.

✦ 단골 중국집 사장님 눈물나게 할 우리집 부엌표 탕수육 초간단 레시피 ✦

북경 과일탕수육

탕수육 '부먹' '찍먹' 상관없이 모두 빠져들고야 마는 탕수육 소스의 종결판! 중국집에 가도 이제 탕수육 주문은 패스하게 될지도 모르는 부작용은 조심할 것.

◆ 기본 재료(2인분)

돼지등심 200g
원하는 과일 뭐든 200g
찹쌀가루 반컵, 물2T
계란흰자 1개, 식용유 ½T

◆ 소스 재료

물 2컵, 설탕 반컵, 식초 4T
간장 1T, 케첩 4T
농도 맞추기
(찹쌀가루 2T+물 4T를 섞는다)

머글 레시피 *Muggle Recipe*

1 소스 재료를 모두 넣고 빠글빠글 끓으면 농도 맞추기용으로 찹쌀가루를 넣고 잘 섞어서 불을 끈다. 그 뒤 과일을 넣는다.

2 돼지고기에 찹쌀가루 반컵, 물 2T, 계란흰자 1개, 식용유 ½T을 넣고 골고루 섞어둔다.

3 식용유 4컵을 중불에 올리고, 기름이 차가운 상태부터 반죽된 돼지고기를 잘 떼어서 넣고 튀긴다.

4 튀김옷에 거품이 바글바글 붙어 끓으면 그때부터 바삭해질 때까지 튀긴다.

매직 레시피 *Magic Recipe*

◆ 통조림 과일이나 후르츠 칵테일 등을 넣으면 요리가 훨씬 간편해진다. 국물도 응용해서 부어도 좋다.

◆ 기름 온도를 알 수 없거나 번거로울 때는 기름이 데워지지 않았을 때부터 바로 고기를 넣어 튀기면 훨씬 편하다. 맛은? 당연히 똑같다.

◆ 케첩을 빼고 간장 3T을 넣으면 간장탕수육 소스로 변신!

◆ 실제로 특급호텔이나 고급 중식당에서도 케첩은 칠리새우 생선튀김 등 무척 많은 요리에 사용한다.

마법 재료

통조림 과일, 후르츠 칵테일
간장 3T

요리는 이미 주어진 자연 속에서
사람이 먹을 수 있는 존재를 끌어낸다
그러므로 요리는 가장 인간적인 마법!

Magic
Recipe

한식 전문점
변신 마법

그 유명한 맛집에서나 즐기던 맛을 직접 만들 수 있다고?
집콕하면서도 더 쉽게 더 저렴하게 먹을 수 있는 한식 전문점 복사 레시피

 **부작용**

국내 여행 가서 원조 맛집 찾아다니던 그 재미, 이제 어디서 찾아야 하나?
전문점 가서 식사할 때마다 자동으로 원가 계산하며 식당 사장님 마인드로 전환!

여수 돌게장 꽃게장

오죽하면 게장을 밥도둑이라고 부르겠냐마는, 이제 집에서 더 싸게, 더 저렴하게 하지만 맛은 그대로 만나는 꽃게장! 돌게를 넣으면 더 빠르게 맛이 든다.

♦ **기본 재료(4인분)**

꽃게 2Kg, 쪽파 50g
청양고추 5개, 양파 150g
마늘 30g, 레몬 ½개

♦ **소스 재료**

대파 50g, 양파 150g
통마늘 30g, 말린대추 6개
건표고버섯 15개
건다시마 10g, 말린건고추 10g
사과 150g, 간장 3컵
물 3L(대략 12컵), 설탕 1컵
미림 반컵

머글 레시피 *Muggle Recipe*

1 가장 먼저 소스 재료를 전부 넣고 끓인다. 물이 끓기 시작하면 약불로 줄인 뒤 아주 약하게 20분간 끓인다.

2 불을 끈 뒤 식힌다. 상온에서 어느 정도 식으면 냉장고에서 식히는 게 가장 좋다.

3 통에 양파, 마늘, 레몬, 청양고추, 쪽파를 모두 얇게 썰어 게와 함께 넣은 뒤 소스를 찰랑찰랑할 만큼 붓는다.

4 최소 2일 정도 숙성해서 먹고, 5일 정도 더 숙성시키면 더 깊은 맛도 즐길 수 있다.

매직 레시피 *Magic Recipe*

♦ 게장은 소스와 게의 비율이다 반드시 준비한 통에 빈틈없이 게를 채워주는 게 좋다. 너무 많이 붓지 말고 딱 잠길 정도만 붓기!

♦ 게 사이사이를 냉동 절단 꽃게로 채우면 정말 마법 같은 맛! 소스의 감칠맛이 두 배 이상 폭발한다.

♦ 새우장을 좋아한다면 게 사이사이를 새우로 채우면 끝!

마법 재료

냉동 꽃게, 새우

순천 오리주물럭

물론 여행 가서 먹는 요리는 더 맛있다. 그 기분과 풍경이 주는 마법도 무시할 수 없다. 하지만 매일 놀러갈 수 없으니 매일 놀러가는 기분 만들어줄 요리로 대신 즐길 수 있다!

◆ 기본 재료(4인분)

오리 불고기용 고기 1Kg
미나리 100g, 부추 100g

◆ 소스 재료

간장 50g, 설탕 50g
다진마늘 1T, 후춧가루
다시다 ½T
미원 1t, 미림 1T

머글 레시피 *Muggle Recipe*

1   미나리와 부추를 5cm 정도 크기로 썬다.

2   오리 불고기용 고기 1kg에 미리 만들어둔 소스를 전부 넣고 골고루 잘 치대준다.

3   고르게 노릇노릇할 정도로 구워 먹는다.

마법 재료

팽이버섯 반봉, 당근채 30g
식초 ½T, 간장 1T
미림 1T, 물 1T

◆   돼지, 소, 닭, 오리 등 고기 종류에 관계없이, 물기 없는 간장 불고기 모두 이 양념이 공식이다.

◆   식당에서 먹었던 그 맛과 기분을 내려면 팽이버섯 반봉, 당근채 30g을 넣는다.

◆   찍어 먹는 소스를 원한다면 간장, 미림, 물, 식초를 1:1:1:0.5 비율로 섞어 만든다.

서울 불고기전골

불고기는 비율만 맞으면 맹물로도 충분하다? 무슨 말인지 모르겠다면 이 초간단 레시피대로 한 번만 만들어보면 알게 된다. 늘 생각보다 어렵지 않고 늘 생각보다 더 맛있다!

◆ **기본 재료(2인분)**

양파 200g, 대파 200g
당근 50g, 표고버섯 3개
팽이버섯 1개
불고기용 소목심 600g

◆ **소스 재료**

물 4컵, 진간장 반컵
설탕 반컵, 다진마늘 2T
후춧가루 ½t
쇠고기다시다 1T
미원 ½ T, 참깨 1T
참기름 1T

머글 레시피 *Muggle Recipe*

1 소스를 잘 녹인 뒤 고기를 넣어 최소 6시간 이상 냉장고에서 숙성한다.

2 양파. 대파, 당근, 표고버섯은 모두 1cm 두께로 썬다.

3 전골냄비에 모두 담은 뒤 보글보글 끓이면서 먹는다.

매직 레시피 *Magic Recipe*

◆ 2~3일 정도 숙성해서 먹으면 맛이 훨씬 더 깊어진다.

◆ 전문 식당 같은 색감을 내고 싶다면 쌍노두(노추)1T을 추가한다.

◆ 보다 달콤한 맛을 원한다면 물 1컵 대신 갈아만든배로 바꾸어 붓는다. 물은 3컵, 갈아만든배는 1컵 비율로.

마법 재료

쌍노두(노추)1T
갈아만든배 1컵

춘천 맛 그대로 닭갈비

호반의 도시 춘천에 가면 이제 데이트만 하면 된다! 춘천 닭갈비는 이제 춘천에서의 그 맛 그대로 집에서 그냥 해 먹는 걸로.

♦ 기본 재료(3인분)

떡볶이떡 50g, 대파 100g
깻잎 1단(10장), 양배추 500g
양파 200g, 고구마 200g
다진마늘 2T, 닭 허벅지살 800g

♦ 소스 재료

설탕 2T, 고춧가루 3T
쇠고기다시다 1T, 후춧가루
간장 8T, 굴소스 1T, 미원 ½T
고추장 3T, 오뚜기카레가루 1T
갈아만든배 반컵

머글 레시피 *Muggle Recipe*

1 모든 야채는 크게 크게 썬다. 닭고기도 마찬가지로 좀 크게 썰어 둔다.

2 닭고기는 만들어둔 소스에 1시간가량 충분히 재워둔다.

3 식용유 4T에 모든 재료를 넣고 바글바글 중불에서 익힌 뒤 잘 저어준다.

4 참기름 1T를 둘러 적당히 잘 섞고, 후추도 취향껏 톡톡 뿌려 먹는다.

매직 레시피 *Magic Recipe*

♦ 센불에서 익히면 양념만 탈 수 있으니 주의해야 함!

♦ 반쯤 익었을 때 뚜껑을 닫으면 닭고기 속살까지 빠르게 촉촉하게 익는다.

♦ 소스를 만들어서 따로 3일간 냉장 숙성한 뒤 사용하면 닭갈비 맛집 맛에 더 가까워진다!

마법 재료

3일간 냉장 숙성

의정부 부대찌개 원조 맛

의정부 부대찌개는 정말 다를까? 부대찌개 맛집도 많고 많은데 '의정부' 부대찌개의 비법은 무엇일까? 이제 그 맛의 비밀을 우리 집 부엌에서 그대로 재연해보자.

♦ 기본 재료(3인분)

콘킹 저염 소시지 200g
카봇그라운드비프 100g
베이컨 100g
베이크드빈 반캔(약 250g)
대파 100g, 양파 150g
신김치 200g

♦ 소스 재료

고춧가루 3T, 간장 3T
다진마늘 1T, 굴소스 1T
쇠고기다시다 ½ T
치킨스톡 ½T, 사골엑기스 1T

머글 레시피 *Muggle Recipe*

1 소시지는 얇게 썰고 베이컨, 대파, 양파, 신김치 모두 1cm 정도로 깍둑 썬다.

2 재료를 모두 예쁘게 담아서 넣고 물 1L와 사골엑기스 1T을 넣어준다.

3 소스는 기호에 맞게 3T부터 시작해 싱거우면 더 넣는다.

4 바글바글 끓이면서 먹는다. 육수가 모자라면 물 1L에 사골엑기스 1T을 섞어 붓는다.

매직 레시피 *Magic Recipe*

마법 재료

국산 소시지
슬라이스 치즈 1개

♦ 사골 육수는 엑기스나 분말 등 무엇을 사용해도 좋다. 취향에 따라 간을 맞추면 되는 마법!

♦ 콘킹, 카봇 등은 모두 식자재마트에서 살수 있으나 국산 제품을 사용해도 물론 엄청 맛있다!

♦ 취향에 따라 김치와 대파를 더 많이 넣으면 송탄식 부대찌개 맛으로 즐길 수 있다. 슬라이스 치즈를 1개 넣어도 일품!

♦ 소스는 처음부터 모두 넣지 말고 맛을 조절해가며 넣는다.

제주 고기국수 원조 맛

사랑하는 제주에는 미안하지만, 이 레시피 하나면 훨씬 더 간편하게, 훨씬 더 깊은 맛을 낼 수 있다. 그래도 제주에 가서 드신다면 말릴 수 없다. 제주는 제주니까!

◆ 기본 재료(4인분)

삼겹살 1Kg
파 60g
양파 200g 1개
물 4L
당근 100g
중면 600g

◆ 소스 재료

청록푸드 사골농축액 5T
새우젓 1T
미원 1T
다진마늘 2T
쇠고기다시다 1T

머글 레시피 *Muggle Recipe*

1 찬물 4L에 대강 썬 양파 200g과 삼겹살 1Kg를 넣고 끓인다. 당근은 채를 쳐둔다. 물이 끓기 시작하면 센불에서 빠글빠글 25분, 중불에서 바글바글 15분, 약불에서 보글보글 10분간 끓인 뒤 불을 끈 다음 마지막으로 15분을 둔다.

2 처음 물을 넣었던 높이를 기억하고 물을 그대로 4L에 맞춰서 채운다. 사골농축액, 새우젓, 미원, 다진마늘, 쇠고기다시다를 넣고 섞으면 국물이 완성된다.

3 국수는 물이 팔팔 끓을 때 넣고 3분만 끓여 차가운 물에 바로 헹군다. 그릇에 담은 면에 국물을 팔팔 끓여 붓고 당근채와 송송 썬 파, 삼겹살을 썰어 올린다.

매직 레시피
Magic Recipe

마법 재료

노추(쌍노두) 2T, 쪽파 60g

◆ 삼겹살은 겉에 노추(쌍노두)를 미리 발라 식혀두면 전문 식당에서 본 색감이 그대로 나온다.

◆ 쪽파를 사용하면 식감이 훨씬 좋아지지만 가격은 조금 더 올라간다!

◆ 굳이 고기 없이 국수만 먹고 싶다면? 맹물에 소스 재료만 넣어 끓여서 먹으면 또 다른 놀랍고 새로운 맛을 경험하게 되는 마법!

초간단 평창 메밀 막국수

식객에 나왔던 맛집 맛까지도 재연해볼 수 있다? 이 레시피라면 물 좋고 산 좋고 바람 좋은 강원도 메밀 막국수 원조 식당이 부럽지 않다.

♦ 기본 재료(2인분)

오이 100g, 김가루 20g
쌈무(시판용) 40g
공산품 막국수 면 2개
참기름 ½T, 참깨 ½T

♦ 소스 재료

양파 100g, 사이다 1T
다진마늘 2T, 고춧가루 1T
간장 6T, 설탕 3T
물엿 3T, 쇠고기다시다 ½T
미원 1t, 매실청 1T, 식초 1.5T
까나리액젓 1T, 연겨자 ½T

머글 레시피 *Muggle Recipe*

1 소스 재료를 모두 믹서에 넣어 간다. 어느 정도 건더기 입자가 있도록 갈고 3일간 숙성시킨다.

2 오이는 채 치고 시판용 쌈무는 2cm 두께로 자른다. 공산품 막국수 면을 끓는 물에 3분 30초간 삶은 뒤 찬물에 헹군다.

3 그릇에 면과 김가루, 오이, 쌈무, 참기름 ½T, 참깨 ½T을 넣고 소스는 취향에 맞게 넣는다.

마법 재료

황태, 꼬들이 오이무침

♦ 숙성이 굉장히 중요한 마법 요소이다. 최소 3일 이상! 냉장 보관으로 1달은 충분히 먹을 수 있다.

♦ 황태를 삶아 건더기와 육수로 살짝만 넣어 비벼 먹으면 또다른 음식으로 탄생!

♦ 앞서 만들어봤던 아하부장표 꼬들이 오이무침을 얹어 먹으면 환상 그 자체인 맛이 펼쳐진다.

✦ 대나무 숲 사이로 풍겨오던 그 구수하고 달달한 떡갈비 향기를 부엌에서 ✦

원조 담양 떡갈비

돼지고기로도 쇠고기로도, 돼지고기와 쇠고기 섞어서도 마냥 맛 좋은 떡갈비로 만들어낼 수 있는 매직 레시피! 먼 길 떠나서 먹던 그 맛집 떡갈비, 이제는 덜 그리워해도 된다.

◆ 기본 재료(2인분)

양파 100g
돼지고기다짐육 200g
쇠고기다짐육 200g, 대파 50g

◆ 소스 재료

다진마늘 1T, 진간장 1.5T
설탕 1.5T, 후춧가루
미원 1t, 쇠고기다시다 1t
참기름 ½T

머글 레시피 *Muggle Recipe*

1 소스 재료를 모두 넣고 소스를 미리 만들어둔다.

2 양파와 대파는 아주 잘게 다지고 고기와 소스, 양파, 대파를 모두 함께 5분 이상 점성이 생기도록 쳐대준다.

3 원하는 형태, 크기대로 성형해서 취향에 따라 구우면 그냥 여기가 담양 죽녹원!

매직 레시피
Magic Recipe

◆ 고기를 두껍게 성형할수록 육즙이 넘쳐흐른다. 뚜껑을 닫고 팬에 익혀야 잘 익는다. (2cn 이상 기준)

◆ 마지막에 토치로 겉을 지져주면 직화 향기가 맛을 두 배로 끌어올린다.

◆ 마른 바질가루를 1t 섞으면 향기만 맡아도 취하는 마법!

마법 재료

토치, 마른 바질가루 1t

천안 깍두기 짜글이

밥과 함께 먹으면 부러울 게 없는, 중독성 높은 짜글이를 가장 빨리, 가장 간단히 만들어 먹는 비법. 물론 더 자세한 내용은 유튜브 영상에도 있지만 이번엔 5분 버전 레시피!

◆ 기본 재료(2인분)

삼겹살 400g
잘 익은 깍두기 400g
양파 100g, 대파 100g

◆ 소스 재료

고춧가루 2T, 설탕 1T
후춧가루, 진간장 ½T
쇠고기다시다 ½T
고추장 1T, 다진마늘 2T

머글 레시피 *Muggle Recipe*

1 삼겹살에 소스 재료를 모두 넣고 2시간이상 재워둔다. 양파와 대파는 1cm 정도로 깍둑 썰기한다.

2 식용유 1T에 삼겹살, 양파, 대파를 중불에서 천천히, 삼겹살 기름이 나오도록 볶는다.

3 물 3컵과 깍두기국물 반컵을 넣고 천천히 바글바글 끓으면 5분 정도 더 끓여 먹는다.

마법 재료

고추참치 2캔, 김치 400g

◆ 고추 참치를 넣으면 더 독특한 감칠맛을 만들어낼 수 있다.

◆ 삼겹살에서 기름이 쫙 나오게 볶는 것과 대충 볶는 것에는 맛에서 엄청난 차이가 난다!

◆ 김치를 사용하면 김치 짜글이가 된다.

남당리 미선씨네 새우장

물론 100퍼센트 완벽하게 복사할 수 있다면 전국 식당은 다 문 닫아야 할 것이다. 하지만 이 5분 레시피라면 맛집 맛 싱크로율 90퍼센트는 구현 가능. 죄송합니다, 미선 씨!

◆ 기본 재료(4인분)
냉동 흰다리새우 50-60사이즈
1Kg, 양파 200g
레몬 반개
청양고추 3개
마늘 6개

◆ 소스 재료
면사랑메밀장국 1컵
물 2컵

머글 레시피 *Muggle Recipe*

1 새우는 수염만 잘라 정돈한다.

2 양파는 1cm 두께로 썰고 레몬은 6등분, 청양고추는 어슷 썰고 마늘은 얇게 편으로 썬다.

3 소스를 대충 섞어 새우 위에 야채를 얹고 소스를 붓는다. 3~5일간 숙성한 뒤 먹는다.

4 면사랑 메밀장국을 사용하지 않고 간장게장 레시피대로 만들어도 된다.

마법 재료
_____
설탕, 숙성

◆ 정말 이래도 되나 싶을 만큼 원조 식당 맛이 나는 마법!

◆ 짭짤한 게 싫으면 물을 3컵으로 늘리고, 단맛이 좋다면 설탕을 2T 추가한다.

◆ 새우장은 냉동 흰다리새우를 사용하면 훨씬 더 간이 잘 밴다. 새우 크기가 클수록 숙성 기간이 오래 걸린다.

수원갈비맛 양념삼겹살

한국인이 사랑하는 조합 마늘과 삼겹살, 이제 양념삼겹살 초간단 레시피로 수원갈비맛을 고스란히 재연해보자. 부위에 상관없이 맛있어지는 마법 소스 필살기!

✦ 기본 재료(1인분)

삼겹살 250g

✦ 소스 재료

맛소금 ½t(2.5ml)
미원 ½t(2.5ml)
후춧가루, 설탕 ½T
다진 마늘 1T, 참기름 1T
식용유 ½T

머글 레시피 *Muggle Recipe*

1 준비한 재료로 소스를 미리 만들어둔다.

2 삼겹살 250g에 소스를 다 넣고 잘 비비기만 하면 전문 식당 차릴 준비 끝!

3 팬에 아무것도 넣지 말고 중불에서 일반 삼겹살 굽듯이 굽는다.

✦ 센불이 아니라 중불에서 구워야 양념이 타지 않는다!

✦ 불고기용 쇠고기나 갈비로 고기를 바꿔도 맛있다. 아주 저렴한 불고기용 돼지뒷다리도 값비싼 부위로 만들어주는 마법의 맛!

마법 재료

불고기용 쇠고기 250g, 갈비 250g
불고기용 돼지고기 후지 250g

칼질의 기본은
재료에 스며드는
열과 양념을 조절하기 위함이다

진짜 만능
마법 소스 비법

맛의 가장 중요한 비밀은 바로 소스!

요리 초보자와 요리 종사자 모두를 위해 공개하는 마법 소스 레시피

💀
부작용

소스만 믿고 막상 재료와 조리법에 덜 신경 쓰게 되는 부작용 주의!

식재료를 볼 때마다 새로운 소스를 개발하고 싶어질지도 모른다.

다시다, 미원이
왜 이렇게 많이 들어갈까?

지금까지 제 레시피들을 보면서 이런 생각을 하셨을지도 모릅니다. 세상의 모든 소스는 멋으로 만든 게 아니라 실제로 맛을 내기 위해, 보다 간편하게 보다 좋은 맛을 내기 위해 만들어집니다. 소스라고 만들어놓고 아무리 넣어도 맛이 없다면, 결국 제대로 된 비율과 배합으로 만든 소스가 아니라는 증명일 뿐이겠죠.

물론 화학조미료를 일부러 많이 사용할 필요도 없지만, 전문점에서 경험한 그 맛을 쉽게, 저렴하게, 간단하게 내고 싶다면 실제로 그 맛을 실현해낼 수 있는 비율의 소스가 가장 알맞겠지요. 정말로 건강하고 행복하고 맛있는 요리는 조미료의 유무가 아니라, 얼마만큼 신선한 재료로 즐겁게 편하게 요리하고 맛있게 먹느냐에 달려 있다고 생각합니다.

긴 말씀 드릴 필요 없이 이 마지막 마법 소스 비법만 활용해도 엄청 편하고 맛있는 집밥 요리를 만나실 수 있을 겁니다. 유튜브에서 제가 운영했던 윤달식당의 깍두기 짜글이 레시피를 참고해보셔도 좋겠습니다. 제 레시피에 나온 모든 요리는 이 소스들로 재우거나 비비거나 섞어서 활용할 수 있습니다. 다시는 시판용 소스를 못 사 드시게 될 것 같아서 조금 걱정이 되긴 합니다만……

✦ 김치가 들어가는 모든 국물 요리에 활용할 수 있는 만능 소스 ✦

김치찌개 만능 소스

─────── ◆ 매직 레시피 ◆ ───────

Magic Recipe

소스 재료를 모두 잘 섞어서 김치찌개, 깍두기찌개, 김치찜, 고등어김치조림, 김치갈비찜 등 신 김치가 들어가는 모든 요리에 넣어 먹는다. 김치찌개는 새콤달콤해야 한다. 그 새콤함은 꼭 신김치 국물에서만 나와야 할까? 막상 요리해보면 김칫국물은 항상 부족하다. 식초를 대용으로 해 비율만 맞으면 김칫국물의 새콤함을 이 소스로 얼마든지 채울 수 있다. 김칫국물 1 : 소스 2의 비율로 맞추면 베스트! 따로 조미료를 사용하지 않아도 그만이다.

소스 재료

고춧가루 300g	환만식초 1.2Kg	새우젓 100g
쇠고기다시다 500g	설탕 250g	까나리액젓 150g
미원 100g	미림 250g	다진마늘 500g

고추장 만능 소스

✦ 매직 레시피 ✦
Magic Recipe

비법 1과 2 모두 양파와 대파, 마늘은 미림을 넣어 갈고 나머지는 잘 섞는다. 1주일 이상 숙성하고 2달 안에 사용한다. 비법 1은 묽고 시판용 소스와 비슷하고, 비법 2는 점성이 좀 더 높고 꾸덕한 홈메이드 스타일이다. 식초와 참기름을 약간 추가해 반찬에 다양하게 응용할 수 있다. 닭갈비는 이 소스에 카레분만 추가해도 좋고 제육볶음 등 재우는 요리도 그만이다!

소스 재료(비법 1)

고추장 500g	물엿 500g	미원 300g	양파500g
고춧가루 1Kg	간장 1Kg	후춧가루 20g	대파 200g
설탕 1Kg	다시다 500g	미림 300g	마늘 500g

소스 재료(비법 2)

고추장 700g	간장 150g	참기름 50g	매실음료베이스 100g
고춧가루 350g	굴소스 100g	후추 15g	마늘 500g
설탕 400g	쇠고기다시다 400g	미림 100g	
물엿 200g	미원 250g	양파 250g	

간장 만능 소스

✦ 매직 레시피 ✦

Magic Recipe

중식, 팔보채, 고추잡채, 한식, 불고기, 찜닭 등 어떤 재료 요리에도 바로 활용할 수 있는 만능 소스. 그냥 있는 재료에 이 소스를 취향대로 취향만큼 넣고 마지막에 고추기름이나 참기름 등의 향을 곁들이면 바로 밥도둑 등극!

소스 재료

간장 500g	미원 50g	다진마늘 300g
굴소스 250g	다시다 100g	
설탕 900g	치킨스톡 150g	

✧ 신선한 반찬으로도 다이어트에도 건강에도 아주 좋은 수제 드레싱 ✧

샐러드 만능 소스

✦ 매직 레시피 ✦
Magic Recipe

식초에 사과 양파 당근을 모두 갈아버린 뒤 나머지 재료를 모두 다 잘 섞는다. 3일간 숙성한 다음 1달 안에 먹는다. 양상추, 치커리, 케일 등 어떤 생야채에도 모두 어울린다. 효과적인 다이어트에도, 지속적인 건강 관리에도 필수적인 샐러드 만능 소스, 이제 굳이 사 먹을 필요가 없다!

소스 재료

사과 1개(약 300g)	당근 1개(약 200g)	설탕 2T
미림 3T	진간장 4T	올리브오일 2T
양파 반개(약 200g)	환만식초 1컵+3T	사이다 1컵+3T

✦ 한국인의 심장 같은 모든 김치 요리에 사용할 수 있는 간편 소스 ✦

김치 만능 소스

— ✦ 매직 레시피 ✦ —

Magic Recipe

스프라이트에 양파와 마늘을 넣고 갈아서 나머지 재료와 잘 섞고 1주일간 숙성한 뒤 2달 안에 먹는다. 나중에 풀을 넣어도 되지만 물엿이 풀의 효과를 충분히 내주기 때문에 필수는 아니다. 겉절이, 김치, 깍두기, 알타리 등 모든 김치 요리에 활용할 수 있는 마법 소스다.

소스 재료

까나리액젓 600g   설탕 300g   물엿 500g
고춧가루 600g   스프라이트나 사이다 1컵   마늘 300g
미원 100g   양파 1Kg

황금 비율 수제 쌈장

✦ 매직 레시피 ✦
Magic Recipe

소스 재료를 잘 섞어 통에 보관한 뒤, 고기를 먹을 때마다 반찬이나 양념이 떨어질 때마다 곁들여 먹는다. 한 달 정도 충분히 보관이 가능하다. 고기 맛은 사실 큰 차이가 없을지도 모른다. 환상적인 황금 비율 쌈장만 있다면 언제나 행복한 고기 맛집으로 변신!

소스 재료

고추장 3T	다시다 1t	참기름 1.5T
된장 3T	미원 1t	다진마늘 1.5T
사이다 3T	설탕 1.5T	
물엿 3T	미림 1.5T	

여러분, 존경하고 사랑합니다!

여러분의 요리가 즐거우면 좋겠습니다!

요리 마법사 아하부장의

Magic
Recipe

초판 1쇄 발행   2021년 3월 14일
초판 6쇄 발행   2021년 5월 5일
개정판 1쇄 발행 2024년 11월 6일

지은이 아하부장(김광용)
펴낸이 정상희
디자인 Desig 신정난

펴낸곳 프롬비
등록 제 406-2019-000050호
주소 10881 경기 파주시 문발로 140, 502호
전화 (031) 944-2075
팩스 (050) 7088-1075
전자우편 jsh314@our-desig.com
포스트 http://naver.me/F3exA7Z0

ISBN 979-11-88801-08-4 (13590)

- 푸드스타일링 GAVINcompany 정의철 푸드스타일리스트
- 사진 Desig 이건희